ERFOLGREICH GRÜNDEN

Der Weg zum eigenen Unternehmen

Robin Schaluschke

Für Fragen und Anregungen:
mail@rps-trading.de

1. Auflage 2021

Alle Ratschläge in diesem Buch wurden vom Autor und vom Verlag sorgfältig erwogen und geprüft. Eine Garantie kann dennoch nicht übernommen werden. Eine Haftung des Autors beziehungsweise des Verlags für jegliche Personen-, Sach- und Vermögensschäden ist daher ausgeschlossen.

Lektorat: Evelyn Brunner
Covergestaltung: geizneringdesigns.de

Inhalt

Wie Ihnen dieses Buch helfen kann

Ein Unternehmen gründen und sein eigener Chef sein – wer träumt nicht davon? Endlich das Hamsterrad hinter sich lassen und den Weg in die berufliche und finanzielle Unabhängigkeit einschlagen. Erkennen Sie sich in diesen Gedanken wieder? Dann geht es Ihnen so wie vielen anderen Menschen. Vielleicht sind Sie einigen, die diesen meist als unrealistisch angesehenen Traum haben, schon ein paar Schritte voraus und haben bereits eine vage Geschäftsidee für Ihr Unternehmen vor Augen. Wenn Sie bereits wissen, worin Ihr künftiger Unternehmensgegenstand bestehen soll bzw. welche Produkte und Dienstleistungen Sie mit Ihrem Unternehmen an den Mann bringen möchten, dann kann es ja direkt losgehen – oder?

Nein, so einfach ist es natürlich nicht, sonst wären Sie wahrscheinlich bereits ein etablierter Unternehmer und würden sich nicht mit diesem Buch befassen. Eine vage, in Ihren Augen vielversprechende Geschäftsidee ist nur die Spitze des Eisbergs einer Unternehmensgründung. Für ihre Umsetzung und schließlich ihren Erfolg müssen Sie insbesondere zu Beginn viel Arbeit, mehr oder weniger finanzielle Mittel, vor allem aber auch starke Nerven investieren.

Da Sie dieses Buch in Händen halten, haben Sie bestimmt schon den festen Entschluss gefasst, ein Unternehmen zu gründen. Wenn Sie zudem schon wissen, in welche Richtung sich der Gegenstand Ihres Unternehmens bewegen soll, umso besser. Allerdings sollten Sie nicht den Fehler machen, auf dieser Basis überstürzt zu handeln und einmal eben schnell ein Gewerbe anzumelden. Ohne eine sorgfältige Planung und tiefergehendes Wissen in Bezug auf das Unternehmertum werden Sie auf lange Sicht mit hoher Wahrscheinlichkeit scheitern. Um mit Ihrer Selbstständigkeit langfristig erfolgreich zu sein, müssen Sie nicht nur die bürokratischen Hürden des Gründungsprozesses selbst überwinden und dann sind Sie automatisch Unternehmer – das sind Sie dann zwar, in erster Linie jedoch nur auf dem Papier.

Um auch in der Praxis als „realer" und später hoffentlich erfolgreicher Unternehmer zu agieren, müssen Sie sich zunächst einmal das richtige Mindset aneignen. Ohne eine adäquate Denkweise wird es Ihnen nur schwer gelingen, Ihr Unternehmen langfristig zu etablieren. Die größte Säule des Mindsets bildet die Selbstmotivation. Damit einher gehen ganz bestimmte Eigenschaften, die Sie als erfolgreicher Unternehmer unweigerlich besitzen müssen: Durchhaltevermögen, zielgerichtetes Agieren und die Übernahme von Verantwortung sind nur einige davon. Wichtig ist, dass Sie nicht nur „theoretisch" um diese notwendigen Eigenschaften wissen, sondern dass Sie sie im Rahmen Ihrer Unternehmertätigkeit tatsächlich „leben“.

Doch auch das richtige Mindset bildet nur den Startschuss für Ihre Gründung. Sie werden sich viele Kenntnisse aneignen müssen, um die richtigen Entscheidungen treffen zu können und Ihr Unternehmen im Anschluss souverän zu führen. Neben der Konkretisierung Ihrer Geschäftsidee ist ein aussagekräftiger und überzeugender Businessplan vonnöten, insbesondere, wenn Sie Fördermittel oder Unterstützungen in Form von Darlehen beanspruchen möchten. Essenziell ist dabei die Planung: Welcher Unternehmensname eignet sich und welche Rechtsform ist die richtige für Sie? Gründen Sie allein oder im Team? Wie hoch müssen die finanziellen Mittel sein und wie setzen sich diese zusammen?

Je nachdem, für welchen Unternehmensgegenstand Sie sich entscheiden und ob Sie Ihre Selbstständigkeit (zunächst) nebenberuflich betreiben, gilt es weiterhin, einige Genehmigungen einzuholen. Erst dann folgt die Gründung an sich, im Rahmen derer Sie nicht wenige bürokratische Hürden zu überwinden haben.

Nach der Gründung werden Sie sich regelmäßig mit Ihren Finanzen beschäftigen müssen, um die Rentabilität Ihrer Selbstständigkeit stets vor Augen zu haben und im Zweifel rechtzeitig reagieren zu können.

Auch in Sachen Buchführung und Steuern sollten Sie zumindest Grundkenntnisse besitzen, denn als Unternehmer sind Sie dazu verpflichtet, Bücher zu führen und dem Finanzamt für die Ermittlung Ihrer Steuerlast jährlich darüber Auskunft zu geben.

Um überhaupt seriös Bücher führen zu können, müssen Sie schließlich auch Einnahmen generieren. Daher gilt es, Ihr Unternehmen wachsen zu lassen, indem Sie gezielt Marketing betreiben und schließlich kontinuierlich Kunden hinzu gewinnen.

Sie sehen: Die Gründung, aber auch das anschließende Führen eines Unternehmens bedeutet harte Arbeit. Damit Sie auf Ihrem Weg einen halbwegs klaren Kopf bewahren und für möglichst viele Herausforderungen, die Ihnen begegnen werden, gewappnet sind, soll Ihnen dieses Buch als Grundwerkzeug dienen. Es klärt Sie über alle eben genannten Aspekte auf, vom Finden einer Geschäftsidee über die Anfertigung eines Business- und Finanzplans bis hin zu Steuerangelegenheiten und Marketing. Dabei werden Ihnen stets nützliche Tipps an die Hand gegeben, die Ihnen sicherlich an der einen oder anderen Stelle helfen werden.

Bevor Sie jedoch in die Gründung Ihres Unternehmens starten, erfahren Sie im Folgenden zunächst alles über das bereits angesprochene unternehmerische Mindset. Da das richtige Mindset die Grundvoraussetzung für Ihren späteren Erfolg ist, sollten Sie sich mit diesem ersten Schritt besonders intensiv beschäftigen.

Das richtige Mindset

Betrachtet man große Visionäre wie Jeff Bezos oder Mark Zuckerberg, die mit *Amazon* bzw. *Facebook Inc.* über Jahrzehnte hinweg mächtige Imperien von Unternehmen erschaffen haben, ist man schnell mit Ehrfurcht erfüllt und fragt sich, wie diesen Menschen das scheinbar wie von Zauberhand gelungen ist. Schnell wird vermutet, dass dahinter eine überdurchschnittliche Intelligenz stecken muss, die man entweder grundlegend besitzt oder eben nicht. Was dabei jedoch kaum jemand sieht: Bezos, Zuckerberg und alle gleichermaßen erfolgreichen Unternehmer haben hart dafür gearbeitet, um dort zu sein, wo sie heute sind. Dabei spielen weder Intelligenz noch eine höhere Ausbildung, wie etwa ein Studium, eine bedeutende Rolle.

Das Geheimnis erfolgreicher Unternehmer liegt vielmehr im richtigen Mindset, das sich prinzipiell jeder aneignen kann. Der Begriff Mindset ist, insbesondere in den Medien, zunehmend in aller Munde, doch was genau versteht man eigentlich darunter? Aus dem Englischen übersetzt bedeutet Mindset zunächst einmal nichts weiter als Denkweise. Damit ist es ein sehr allgemeiner Begriff, der spezifizierend auf viele Lebensbereiche angewendet werden kann. So benötigt man nicht nur für die Gründung eines Unternehmens ein darauf abgestimmtes

Mindset, sondern beispielsweise auch für die Durchführung einer Diät, für die Aneignung von mehr Selbstbewusstsein oder ganz allgemein für das Erreichen seiner Ziele.

Im Rahmen der Unternehmensgründung fällt häufig der Begriff Gründer-Mindset, jedoch ist dies für unseren Kontext zu kurz gefasst. Ein adäquates Mindset ist nicht nur während der Gründung essenziell, sondern auch im Anschluss, wenn das Unternehmen geführt werden muss. Es ist eine Fehlannahme, dass man das Mindset im Rahmen der Gründung erlernt und mit diesem fortan als Unternehmer agiert. Insbesondere als Unternehmer lernt man immer neue Sichtweisen, Möglichkeiten o. Ä. kennen, wodurch sich der Horizont stets erweitert. Die Aneignung des richtigen Mindsets ist dementsprechend kein in sich geschlossener Prozess, vielmehr wird die Denkweise kontinuierlich weiterentwickelt und an neue Gegebenheiten angepasst – ganz nach dem Motto des lebenslangen Lernens. Diesen Umstand sollten Sie sich bewusst machen, damit Sie immer offen für Neues sind. Daher erscheint hier der Begriff **Entrepreneurship-Mindset** treffender, denn das Mindset ist nicht bloß ein zu erlernendes Konstrukt, sondern eine ganzheitliche **Lebenseinstellung**, die erfolgreiche Unternehmer auszeichnet.

Die Hauptsäule des Entrepreneurship-Mindsets bildet die Fähigkeit, sich selbst motivieren zu können. Im Grunde ist die **Motivation** allen anderen Aspekten des Entrepreneurship-Mindsets übergeordnet, denn sie entscheidet darüber, ob Ihr Unternehmen langfristig bestehen bleibt oder nicht, insbesondere in Zeiten, in denen es einmal nicht wie geplant läuft.

Dementsprechend sind die Untersäulen des Entrepreneurship-Mindsets, welche die Motivation aufrechterhalten, sehr vielfältig. Zunächst einmal sollten Sie sozusagen über den Dingen stehen und sich bewusst machen, was es überhaupt bedeutet, Unternehmer zu sein. Durch die im einleitenden Kapitel angesprochenen Aufgaben, die bald zu Ihrer täglichen Routine gehören werden, haben Sie davon bereits einen ersten Eindruck erhalten. Im Laufe der Lektüre dieses Buches werden Sie Ihre künftigen Aufgaben besser kennenlernen und wissen, was im Einzelnen auf Sie zukommt.

Bevor Sie mit dem Projekt Unternehmensgründung starten, ist es zudem wichtig, dass Sie Ihre Einstellung zu sich selbst ändern. Machen Sie sich über Ihre **Stärken und Schwächen** bewusst. Wenn Sie wissen, was Sie können, stärkt das Ihr Selbstvertrauen und damit auch Ihre Motivation. Weiterhin lässt es Sie später gegenüber Kunden, Geschäftspartnern und gegebenenfalls Mitarbeitern selbstbewusster auftreten. Ihre Schwächen sind vielleicht nichts, auf was Sie stolz sind, allerdings sollten Sie diese keinesfalls verdrängen – kein Mensch ist perfekt! Stehen Sie zu Ihren Schwächen und versuchen Sie, an ihnen zu arbeiten. Scheuen Sie nicht davor zurück, Freunde, Familie oder sogar spezielle Coaches dabei um Hilfe zu bitten. Auch das kann Ihnen Selbstvertrauen verleihen und so zu einer grundlegend motivierteren Einstellung verhelfen.

Da zu Beginn vieles neu für Sie sein wird, benötigen Sie natürlich insbesondere in der Gründungsphase ein starkes **Durchhaltevermögen** und eine ausgeprägte **Disziplin**. Um am Ball zu bleiben und nicht aufzugeben, hilft es, sich stets vor Augen zu führen, warum Sie die ganzen Herausforderungen auf sich nehmen. Sie sollten sich also zunächst fragen, was Sie erreichen möchten und wo Sie in fünf, 10 oder 20 Jahren stehen wollen. Hilfreich kann dabei das Formulieren von Visionen sein. Eine mögliche Vision kennen Sie bereits aus dem ersten Kapitel: Ein Unternehmen gründen, sein eigener Chef und finanziell unabhängig sein. Möglicherweise ist es Ihr Traum, in 20 Jahren Millionär zu sein. Auch das ist eine Vision, mit der Sie später arbeiten können. Egal, wie Ihre Vision lautet, sie ist der Grund für Ihre harte Arbeit, sie ist Ihr Ziel, auf das Sie hinarbeiten und wofür es sich lohnt, zu kämpfen. Sie müssen an diese Vision glauben, sie verinnerlichen und immer im Hinterkopf behalten, auch dann, wenn Sie einmal mit Aufgaben konfrontiert sind, an welchen Sie keine Freude haben. Allein das hat bereits starke Auswirkungen auf Ihre Motivation, weiterzumachen.

Zu Durchhaltevermögen und Disziplin gehört ohne Zweifel auch die Fähigkeit der **Geduld**. Es wird Ihnen nicht gelingen, von heute auf morgen ein erfolgreicher Unternehmer oder gar ein Millionär zu werden. Um sich in Geduld zu üben, kann Ihnen auch hier die ständige Präsenz Ihrer Vision in Ihren Gedanken helfen.

Wie im Grunde jeder Lebensbereich hat auch das Unternehmertum seine Schattenseiten. Neben dem enormen Arbeitspensum, insbesondere in der Gründungsphase, kann jederzeit eine Situation eintreten, die nicht nach Plan verläuft. **Rückschläge** gehören jedoch dazu und aus begangenen Fehlern können Sie nur lernen. Lassen Sie sich nicht herunterziehen, wenn einmal alles droht, aus der Bahn zu geraten. Akzeptieren Sie, dass Sie einen Fehler gemacht haben oder dass etwas nicht so verlaufen ist, wie Sie es sich gewünscht haben, anstatt sich tage- oder wochenlang über diese Situation Gedanken zu machen. Nehmen Sie den Fehler an und betrachten Sie ihn als Chance, Erfahrungen zu sammeln und es beim nächsten Mal besser zu machen.

Nicht nur bei Rückschlägen, sondern auch, wenn Sie in Stress geraten und der Meinung sind, dem hohen Arbeitsaufwand nicht gewachsen zu sein, ist es wichtig, eine grundlegend **optimistische Einstellung** gegenüber Ihrem Unternehmen zu wahren. Das Stichwort lautet hier **Resilienz**, eine Fähigkeit, die insbesondere in Führungspositionen unabdingbar ist. Unter Resilienz versteht man im Allgemeinen eine gewisse psychische Widerstandsfähigkeit gegenüber stress- und druckauslösenden Situationen. Resiliente Menschen sind dazu in der Lage, genannte Situationen objektiv zu betrachten, mit diesen dadurch ohne konstant anhaltende Belastungen umzugehen und im optimalen Fall auch noch gestärkt aus ihnen hervorzugehen. Sie sehen also, dass Resilienz nicht nur eine grundlegend positive Einstellung fördert, sondern auch Rückschläge besser verarbeiten lässt. Wenn Sie in allen Herausforderungen stets das Positive suchen, wird sich das automatisch auch auf Ihre Motivation zum Weitermachen auswirken.

Jedoch sollten Sie das Maß an Optimismus auch nicht überspannen und stets **realistisch bleiben**. Wenn Sie zu schnell zu viel wollen, entwickeln Sie dadurch hohe Erwartungen an Ihr Unternehmen und somit auch an sich selbst. Einschneidende Enttäuschungen und Gedanken darüber, dass die Unternehmensgründung doch ein Fehler gewesen sein könnte, wird dann Ihre Motivation herunterziehen.

Zuletzt sollten Sie auch **sich selbst als Mensch nicht vergessen**. Sie haben auch ein Leben außerhalb Ihres Unternehmens und Sie sind keine Maschine, die 24/7 arbeiten kann. Sie können nicht alles auf einmal schaffen. Finden Sie eine gesunde Balance zwischen Privat- und Berufsleben – wenn Sie zu Hause arbeiten, gilt dies ganz besonders. Sorgen Sie für genügend Auszeiten und planen Sie auch einmal gänzlich arbeitsfreie Tage ein, an denen Sie Hobbys oder sonstigen Aktivitäten nachgehen, um neue Kraft zu tanken. Sie stehen sich nur selbst im Weg, wenn Sie von morgens bis in die Nacht hinein arbeiten, denn um produktiv zu sein, müssen Sie sich zwischenzeitlich einen klaren Kopf verschaffen.

Sollte Ihnen doch einmal alles über den Kopf wachsen – das wird in der Gründungsphase sicherlich mindestens einmal der Fall sein –, kann es helfen, den zu erledigenden Aufgaben Prioritäten zuzuordnen. Erstellen Sie sich am besten für jede Woche einen Plan, in dem Sie erfassen, was zu erledigen ist. Im Anschluss schauen Sie, welche Aufgaben dringend sind und welche noch etwas Zeit haben. Nutzen Sie dafür beispielsweise eine Skala von 1 bis 3, wobei 1 für *sehr dringlich*, 2 für *mäßig dringlich* und 3 für *kann noch warten* steht. Wenn Sie einmal einen schlechten Tag haben, kümmern Sie sich dann ausschließlich um die Aufgaben mit der Priorität 1. Wenn Sie wissen, dass Sie an einem solchen Tag alle dringenden Aufgaben erledigt haben, wird Ihnen auch das Abschalten nach Feierabend leichter fallen.

Die bisher genannten Eigenschaften tragen überwiegend zu Ihrer persönlichen Motivation bei, gezielt und mit einem starken Willen Ihr Unternehmen auf- und auszubauen.

Diese Aspekte Ihres **persönlichen Mindsets** bilden jedoch nur die erste Hälfte des unternehmerischen Mindsets im Ganzen. Daneben müssen Sie sich für Ihren Alltag als Unternehmer auch eine systematische Denkweise aneignen, mit der Sie sich zum einen effektive Ziele setzen und zum anderen die richtigen Entscheidungen treffen können. Da dieses **systematische Mindset** wesentlich über den Erfolg und Misserfolg Ihres Unternehmens entscheidet, werden in den beiden folgenden Unterabschnitten die Komponenten der Zielsetzung und der Entscheidungsfindung näher beleuchtet.

KONKRETE ZIELE SETZEN

Ziele hat jeder Mensch, doch um sie tatsächlich zu erreichen, braucht es mehr als nur eine vage Formulierung von dem, was man sich wünscht. Für Sie als Unternehmer ist die Festlegung von konkreten Zielen besonders wichtig, nicht nur, weil Sie sie später für Ihren Businessplan benötigen, sondern auch, um voranzukommen und jederzeit vor Augen zu haben, an welchem Punkt Ihres Weges Sie sich gerade befinden. Nachdem Sie Ihr Unternehmen gegründet haben und bestenfalls bereits einige Kunden für sich gewinnen konnten, haben Sie Ihr erstes Ziel erreicht – die Gründung. Doch in der Zukunft werden Sie immer wieder neue Ziele entwickeln, beispielsweise, Ihre Einnahmen zu steigern, sich einen vielversprechenden Kundenstamm aufzubauen oder neue Mitarbeiter einzustellen, die Sie bei der Arbeit unterstützen. Nur so können Sie Ihr Unternehmen etablieren, wachsen und überhaupt bestehen lassen. Daher werden Sie insbesondere das Wissen in diesem Abschnitt nicht nur während Ihres Gründungsprozesses benötigen, sondern bestenfalls viele Jahre oder Jahrzehnte.

Doch beginnen wir mit der Zielsetzung im Rahmen Ihrer Gründung. Hier kommen wieder die anfangs festgelegten Visionen ins Spiel – es ist ja bereits angeklungen, dass Sie mit diesen „arbeiten" können, und genau das tun Sie nun. Ihre Vision möchten Sie langfristig erreichen. Damit dies gelingt, müssen Sie konkrete Ziele formulieren, die Ihnen sozusagen als Fahrplan auf dem Weg zu

Ihrer Vision dienen. Sie müssen sich also die Frage stellen, was Sie tun müssen, damit Ihre Vision irgendwann real wird. Ein Beispiel: Um ein Unternehmen zu gründen, müssen Sie sich zunächst tiefergehendes Wissen über das Unternehmertum aneignen, beispielsweise mithilfe dieses Buches. Das ist Ihr erstes konkretes Ziel. Was müssen Sie als Nächstes tun? Das zweite spezifische Ziel wäre, eine geeignete Geschäftsidee zu finden. Hier können Sie sich beispielsweise über das Internet Anregungen und Inspirationen holen.

Im Prinzip stellen alle Kapitel in diesem Buch konkrete Ziele dar, die es für die Unternehmensgründung gilt, zu erreichen: Businessplan erstellen, die Finanzierung planen, die formellen Angelegenheiten bezüglich Ihres Unternehmens klären etc. All das sind Ihre Ziele auf dem Weg zu Ihrer Vision „Gründung“. Diese sollten Sie wiederum in kleinere Zwischenziele unterteilen, um stets einen Überblick darüber zu haben, was genau Sie tun müssen. Hierbei gehen Sie am besten nach einem bestimmten Schema vor, welches sich „SMART-Methode“ nennt. Nach diesem System sollte jedes Ziel folgende Eigenschaften aufweisen:

S	–	spezifisch
M	–	messbar
A	–	attraktiv
R	–	realistisch
T	–	terminiert

Abbildung 1: Zielformulierung nach der SMART-Methode

Ein Ziel muss demnach so konkret wie möglich definiert sein. Dabei muss der Grad der Zielerreichung messbar sein und das Ziel selbst sollten Sie so planen bzw. formulieren, dass es für Sie keine unangenehme Herausforderung darstellt. Wenn Sie das Gefühl haben, dass Sie dieses Ziel nicht stemmen können, werden Sie kaum mit einer positiven Einstellung an dieses Ziel herangehen. Des Weiteren muss das Ziel überhaupt erreichbar sein – eine Vision ist ohne Ober- und Unterziele beispielsweise nicht realistisch und daher eben auch kein erreichbares Ziel gemäß der SMART-Methode. Zuletzt sollten Sie auch einen Zeitpunkt festlegen, bis zu welchem das Ziel erreicht sein soll, um beispielsweise Prokrastination vorzubeugen.

Ein Beispiel soll die Vorgehensweise dieser Methode veranschaulichen:

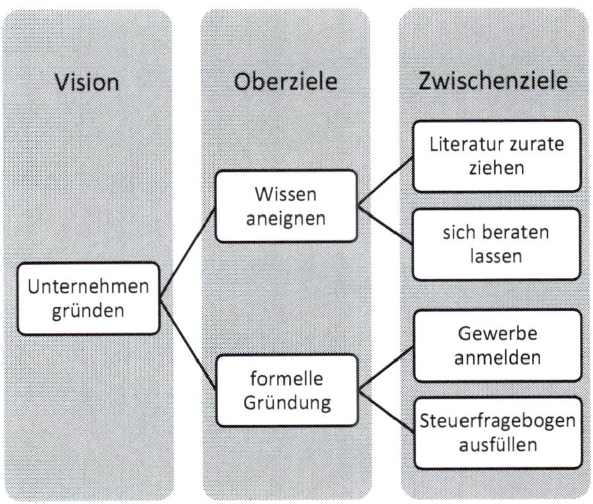

Abbildung 2: Beispiel für eine konkrete Zielformulierung

Auf dieser Basis gilt es nun, die Ziele auf Ihre Messbarkeit hin zu überprüfen und sie zu terminieren. Die Messbarkeit ist hier zwar nicht im quantitativen Sinne gegeben – das wird später im Unternehmeralltag anders sein, wenn Sie mit konkreten Kennzahlen beispielsweise die Rentabilität analysieren möchten –, jedoch können Sie die Zielerreichung jederzeit überprüfen, indem Sie schauen, was Sie bereits erledigt haben. Wenn Sie beispielsweise schon ein Beratungsgespräch in Anspruch genommen haben, können Sie diesen Punkt abhaken und sind dem Oberziel „Wissen über Unternehmertum aneignen" bereits näher gekommen. Die Terminierung eines Ziels ist relativ einfach, Sie können beispielsweise ein fixes Datum festlegen, zu welchem Sie Ihr Ziel erreicht haben möchten. Wenn Sie die formelle Gründung beispielsweise bis zum 01.06. abgeschlossen haben möchten, könnten Sie die Deadline für die Gewerbeanmeldung auf den 15.05. und das Ausfüllen des Fragebogens zur steuerlichen Erfassung auf den 25.05. setzen.

Am Ende haben Sie dann einen ganzen Zielplan mit Ober- und Unterzielen, den Sie am besten in Listenform anfertigen. Auf diese Weise können Sie stets die erledigten Ziele abhaken, um Ihren Fortschritt immer vor Augen zu haben. So sind Sie nicht nur organisiert, sondern es treibt auch Ihre Motivation an, wenn Sie sehen, was Sie schon alles erreicht haben und wie die To-Do-Liste schrumpft.

Wenn Sie Ihre Vision „Gründung" dann erreicht haben, werden Sie ganz automatisch eine neue Vision entwickeln. Höchstwahrscheinlich wünschen Sie sich nach der Gründung, dass Ihr Unternehmen wächst und sich am Markt etabliert. Nun fragen Sie sich erneut, wie Sie dies Schritt für Schritt erreichen können. Auf diese Weise entstehen schließlich neue Ziele und entsprechend ein neuer Zielplan, den es abzuarbeiten gilt.

Ein Zielplan ist niemals in Stein gemeißelt, auf dem Weg zu Ihrer Vision werden Sie Ihre Ziele immer einmal wieder modifizieren, ergänzen oder gar streichen. Veränderte Gegebenheiten erfordern neue oder angepasste Strategien, beispielsweise in Bezug auf bestimmte Produkte oder Dienstleistungen. Daher sollten Sie immer offen für Neues sein und überlegen, ob Sie Ihre Vision mit anderen konkreten Zielen möglicherweise effektiver erfüllen können, ganz in Abhängigkeit des individuellen Status Quo.

ENTSCHEIDUNGEN TREFFEN

In der Gründungsphase sind viele essenzielle Entscheidungen zu treffen, beispielsweise, welche Rechtsform sich für Ihr Unternehmen am besten eignet oder wie Sie die Gründung optimal finanzieren können. Und auch als Unternehmer wird es im Anschluss zu Ihrem Alltag gehören, schnell und souverän Entscheidungen zu treffen. Neben einem ausgeprägten **Selbstvertrauen** benötigen Sie dafür vor allem ein starkes **Verantwortungsbewusstsein**. Das bedeutet, dass Sie sich immer darüber im Klaren sein sollten, dass jede Ihrer Entscheidungen Konsequenzen nach sich zieht, die auch negativ behaftet sein können.

Hinzu kommt, dass Sie manchmal nicht viel Zeit für das Treffen einer Entscheidung haben werden, weshalb Sie dafür ähnlich wie bei der Formulierung von Zielen ebenfalls nach einem bestimmten Schema vorgehen sollten, um sich während der Entscheidungsfindung nicht selbst zu verlieren. Das Wichtigste dabei ist: Ihre Ziele sollten immer im Fokus stehen, dementsprechend sollten Sie auch stets Ihre Entscheidungen von diesen abhängig machen. Darauf aufbauend durchlaufen Sie den Entscheidungsprozess dann in drei Schritten: Sie sammeln **alle möglichen Lösungen**, die für Ihre Entscheidung infrage kommen könnten, in Form einer Liste. Je nachdem, auf was sich Ihre Entscheidung bezieht, können Sie hier das Internet zu Recherchezwecken nutzen, Ihre Informationen durch passende Ansprechpartner beziehen etc. Wenn Sie alle Möglichkeiten gesammelt haben, befassen Sie sich mit den **Vor- und Nachteilen** jedes Punktes auf Ihrer Liste. Um den Überblick zu behalten und Ihre Lösungsalternativen im Anschluss zu vergleichen, bietet sich dafür eine Tabelle mit den Spalten *Lösung, Vorteile* und *Nachteile* an. Im Anschluss gilt es dann, die **optimale Lösung** ausfindig zu machen. Im idealen Fall entscheiden Sie sich für jene Alternative, welche die wenigsten Nachteile aufweist, dafür aber am vielversprechendsten ist. Die Betonung liegt hier jedoch auf *ideal*, denn so einfach gestaltet sich die Entscheidungsfindung in der Praxis häufig nicht. Möglicherweise gibt es eine

Lösungsalternative, die am besten Ihren Zielen entspricht und die Sie daher priorisieren, obwohl deren Nachteile mehr Gewicht haben. Hier müssen Sie dann objektiv bleiben und abwägen, ob der Nutzen, den die jeweilige Alternative mit sich bringt, es tatsächlich wert ist, die durch die Nachteile entstehenden Risiken einzugehen. Sie sollten dabei also keinesfalls subjektiv handeln, sondern stets nach den Leitfragen, „Was ist den Zielen am dienlichsten?“ und „Was bringt das Unternehmen am ehesten voran?“.

Mit dem richtigen, unternehmerischen Mindset und dem Wissen, wie man Entscheidungen trifft, sind Sie jetzt bestens gewappnet, den Weg zu Ihrer Gründung zu bestreiten. Der zweite Schritt auf diesem Weg ist das Finden einer geeigneten Geschäftsidee, mit der Sie sich im folgenden Kapitel beschäftigen werden.

Geschäftsidee finden

Die Geschäftsidee ist das Herzstück Ihres Unternehmens, um sie herum bildet sich alles andere – Produkte, Dienstleistungen etc. – und sie bestimmt auch maßgeblich sämtliche Geschäftsabläufe. Dementsprechend bezeichnet eine Geschäftsidee ein Konzept, auf dessen Basis der konkrete Unternehmensgegenstand geschaffen wird. Eine gute Geschäftsidee zeichnet sich vor allem dadurch aus, dass sie eine tragbare Lösung für ein Problem möglichst vieler Kunden darstellt und gleichzeitig eine hohe Rentabilität aufweist. Das bedeutet, dass der Markt nicht zu viele Konkurrenten im selben Segment beinhaltet, parallel dazu aber trotzdem eine gewisse Nachfrage nach dem jeweiligen Produkt bzw. der jeweiligen Dienstleistung besteht. Zudem sollte die Geschäftsidee auch immer zum Gründer passen, Sie müssen sich also mit ihr identifizieren können, um mit voller Überzeugung hinter ihr zu stehen.

In der Praxis treffen nur selten alle genannten Eigenschaften auf eine Geschäftsidee zu, denn es kommt immer darauf an, welche Form die Geschäftsidee hat und damit, auf welcher Eigenschaft der Fokus liegt. In diesem Kapitel erfahren Sie deshalb, welche Arten von Geschäftsideen es gibt und durch welche Aspekte sich diese auszeichnen, um im Anschluss herausfinden zu können, welche Geschäftsidee für Sie die richtige sein kann.

ARTEN VON GESCHÄFTSIDEEN

Man unterscheidet grundsätzlich zwischen drei Arten von Geschäftsideen: die innovative Geschäftsidee, die imitative Geschäftsidee und die erweiterte Geschäftsidee. Alle Arten bringen sowohl Vor- als auch Nachteile mit sich, weshalb Sie sorgfältig abwägen sollten, welche Art für Sie am ehesten infrage kommt und welche Risiken Sie bereit sind, einzugehen. Die folgenden Erläuterungen sollen Ihnen als Entscheidungshilfe dienen.

Eine **innovative Geschäftsidee** besteht aus einem völlig neuen Produkt oder einer neuen Dienstleistung. Diese Geschäftsidee gibt es auf dem Markt noch nicht, Sie agieren damit als Pionier. Nur wenigen Gründern gelingt die Umsetzung einer solchen Geschäftsidee, denn hierfür ist ein hohes Maß an Kreativität und analytischem Denken vonnöten. Wirft man einmal einen kurzen Blick in das letzte Jahrhundert, gab es dort einige innovative Geschäftsideen, beispielsweise von Konrad Zuse, der 1941 den Computer erfand, oder von Manfred von Ardenne im Jahr 1930, welcher als Erfinder des Fernsehens gilt. Solche Erfindungen sind beispiellos, denn ansatzweise ähnliche Produkte gab es zuvor noch nie. Da Sie mit einer Innovation einen gänzlich neuen Markt schaffen und entsprechend keine Konkurrenz vorhanden ist, verspricht sie natürlich den höchsten Erfolg, gleichzeitig jedoch auch die größten Risiken. Sie können nicht vorhersehen, ob sich überhaupt eine Nachfrage für dieses Produkt oder die Dienstleistung entwickeln wird.

Eine **imitative Geschäftsidee** ist das genaue Gegenteil einer Innovation. Es handelt sich dabei um bewährte Produkte und Dienstleistungen, die es bereits vermehrt auf dem Markt gibt. Entsprechend hoch ist auch die Konkurrenz, gegen welche Sie sich durchsetzen müssen. Hier besteht die Gefahr, dass der Markt übersättigt ist und Sie für Ihr Unternehmen nur wenige Kunden gewinnen können, da diese möglicherweise bestehende Produkte und Dienstleistungen am Markt bevorzugen.

Der große Vorteil liegt bei dieser Art von Geschäftsidee allerdings im geringen Risiko hinsichtlich der Zielgruppenfindung. Da sich die Geschäftsidee bereits bewährt hat, können Sie immerhin sicher sein, dass grundsätzlich eine Nachfrage besteht. Weiterhin müssen Sie kaum Pläne hinsichtlich Entwicklung oder Strategie erschaffen, lediglich die Umsetzung und gegebenenfalls die Anwendung von Marketingstrategien werden zu Ihrem Aufgabenbereich gehören. Imitative Geschäftsideen kommen in der Praxis häufig beim Franchising sowie im Rahmen der Übernahme von bestehenden Unternehmen zum Einsatz.

Erweiterte Geschäftsideen sind schließlich eine Mischform aus innovativer und imitativer Geschäftsidee. Sie werden hierbei weder ausschließlich Pionierarbeit betreiben noch bestehende Produkte oder Dienstleistungen in vollem Umfang kopieren. Stattdessen besteht die Strategie hier darin, bewährte Produkte oder Dienstleistungen ausfindig zu machen und diese einzigartig zu modifizieren. Dafür können Sie gezielt Recherche betreiben und herausfinden, was Kunden bei Ihrem ausgewählten Produkt bzw. Ihrer ausgewählten Dienstleistung fehlt. Ein Beispiel stellen hier die Trinkhalme aus Plastik dar. Da der Wunsch nach einem umweltbewussten Leben in der Gesellschaft immer größer wird, haben einige Unternehmen dieses Produkt derart modifiziert, dass es nun Varianten gibt, die aus wiederverwendbaren oder abbaubaren Materialien bestehen. Durch die innovative Veränderung von Bestehendem können Sie sich auf diese Weise von der Konkurrenz abheben. Die Risiken sind hierbei relativ gering, denn der einzige Nachteil besteht darin, dass Kunden neue Elemente eines Produktes oder einer Dienstleistung nicht unbedingt als notwendig betrachten und stattdessen auf bewährte Anbieter zurückgreifen könnten. Dieses Risiko können Sie allerdings bereits im Voraus minimieren, indem Sie gezielte Recherche über die Bedürfnisse der potenziellen Kunden betreiben.

WELCHE GESCHÄFTSIDEE IST FÜR SIE DIE RICHTIGE?

Um eine für Sie geeignete Geschäftsidee zu finden, gilt als wichtigste Eigenschaft, dass Sie zu Ihnen und Ihrer Persönlichkeit passt. Wenn Sie in einem Bereich gründen, mit dem Sie sich gar nicht identifizieren können, wird Ihre Motivation langfristig abnehmen und Ihr Tatendrang wird ebenfalls eingeschränkt sein. Ihre Geschäftsidee sollten Sie also nicht ausschließlich vom Marktgeschehen abhängig machen, sondern auch von Ihren Interessen, denn Sie sind derjenige, der sich mehrere Jahre oder gar Jahrzehnte mit ihr beschäftigen wird. Dabei ist es natürlich auch von Vorteil, wenn Sie bereits gewisse Kenntnisse auf Ihrem Gebiet aufweisen.

Auch wenn Ihre Geschäftsidee zu Ihren Interessen und Kenntnissen passen sollte, bedeutet das nicht, dass Sie sich vor Neuem oder vor Veränderungen verschränken sollen. Durch Ihr unternehmerisches Mindset wissen Sie bereits, dass lebenslanges Lernen essenziell für Ihren Erfolg ist. Und ähnlich wie Ihr Mindset ist auch Ihre Geschäftsidee zu keiner Zeit in Stein gemeißelt, Sie können und müssen höchstwahrscheinlich stets Veränderungen vornehmen, um dem Wandel des Marktes sowie der Konkurrenz standzuhalten. Damit geht auch einher, dass Sie nicht zwingend bei einer Art von Geschäftsidee bleiben müssen. Wenn Sie sich zu Beginn beispielsweise für eine imitative Geschäftsidee entscheiden, können Sie diese im Laufe der Zeit immer noch anpassen und etwa zu einer erweiterten Geschäftsidee machen, indem Sie eigene Ideen einbringen und Ihr Produkt oder Ihre Dienstleistung auf diese Weise einzigartig machen.

Seien Sie offen für Neues und lassen Sie sich auch von anderen Menschen inspirieren, nicht nur von großen Visionären, sondern auch von Ihrer Familie sowie von Freunden und Bekannten. Menschen haben zu jedem Thema unterschiedliche Ansichten. Hören Sie sich diese an, um Ihren Horizont zu erweitern und einen objektiveren Blick auf Ihre Geschäftsidee zu erlangen.

Zusammenfassend lässt sich sagen, dass Sie zu Beginn in jedem Fall eine Geschäftsidee wählen sollten, die Ihren Interessen entspricht und am Markt nicht völlig unbekannt oder übersättigt ist. Mit der Zeit können Sie dann Ihre Geschäftsidee modifizieren, um sich von der Konkurrenz abzuheben.

Der Businessplan

Der Businessplan stellt die Anleitung für Ihre Unternehmensgründung dar. Er beinhaltet eine detaillierte Auflistung aller Aspekte, die Ihr künftiges Unternehmen betreffen. Wenn Sie einen Gründungszuschuss in Anspruch nehmen, Ihr Vorhaben mit einem Darlehen finanzieren oder sonstige Fördermittel erhalten möchten, ist der Businessplan unabdingbar, denn die Geldgeber möchten verständlicherweise wissen, an wen sie finanzielle Mittel ausgeben und in was genau sie investieren – schließlich besteht für sie ein mehr oder weniger hohes Risiko.

Den Businessplan sollten Sie jedoch nicht nur als formelles Schriftstück betrachten, um an finanzielle Mittel zu kommen. Vielmehr ist er auch für Sie ein Fahrplan, der Sie auf dem gesamten Weg Ihres Gründungsprozesses und darüber hinaus begleiten wird. Um einen überzeugenden Businessplan zu erstellen, können Sie sich an Gründungsberater wenden, die Sie mit Erfahrung und Know-how unterstützen können. Sollten Sie Ihren Businessplan selbst erstellen möchten, finden Sie in diesem Kapitel die wichtigsten Punkte, die Sie darin aufnehmen sollten.

INFORMATIONEN ZUM GRÜNDER

Am Anfang Ihres Businessplans sollten Sie als Gründerperson – wenn zutreffend, auch Ihre Gründungspartner – im Vordergrund stehen, damit mögliche Kapitalgeber sich gleich zu Beginn ein Bild von Ihnen machen und eine erste Einschätzung über Ihre Eignung als Unternehmer tätigen können. Im Prinzip handelt es sich hierbei um nichts anderes als um einen ausführlichen Lebenslauf. Führen Sie auf, welche Ausbildung Sie absolviert und welche Qualifikationen Sie daneben erworben haben. Auch Ihre Berufserfahrung sollten Sie hier in ihrer Gesamtheit darstellen. Falls Sie bereits über kaufmännisches Know-how verfügen, sollten Sie das an dieser Stelle ebenfalls erwähnen.

Diese Kenntnisse sind von Vorteil, denn damit können Sie eine gute Überleitung zu Ihren Motiven, die Sie zu Ihrer Gründung bewegen, schaffen. Dieser Abschnitt zur Motivation ist zu Beginn des Businessplans wichtig, denn er gibt Ihnen die Möglichkeit, potenziellen Kapitalgebern einen ersten Eindruck von Ihrer Überzeugung und Ihrem festen Willen, ein Unternehmen zu gründen, zu vermitteln. Natürlich sollen Sie hier nicht Ihre persönlichen Ziele dokumentieren, die Sie mit der Unternehmensgründung verfolgen und die Sie dabei selbst motivieren – etwa, dass Sie nach finanzieller Unabhängigkeit streben oder Ihr eigener Chef sein möchten. Diese Art von Motivation gehört Ihrem Mindset an. Im Businessplan müssen Sie mit Fakten argumentieren, beispielsweise, dass Sie jahrelang in einem bestimmten Bereich tätig waren und sich in diesem nun weiter oder anderweitig entfalten möchten.

DIE GESCHÄFTSIDEE

Im Anschluss an die Vorstellung Ihrer Person und der Gründungsmotive erfolgt eine detaillierte Beschreibung Ihrer Geschäftsidee. Hier gilt es, zunächst einmal Ihr Produkt oder Ihre Dienstleistung zu erläutern. Dabei sollten Sie auch hervorheben, welches Alleinstellungsmerkmal Ihr Produkt bzw. Ihre Dienstleistung aufweist. Wenn Sie eine imitative Geschäftsidee verfolgen, wird es sicherlich trotzdem irgendeinen Aspekt geben, der Ihr Angebot besonders macht – schließlich müssen Sie sich ja von der Konkurrenz in gewisser Weise abheben. Möglicherweise liegt der Fokus Ihres Produktes oder Ihrer Dienstleistung aber auch nicht auf der Einzigartigkeit, sondern auf der Verfolgung einer bestimmten Strategie. Diese erläutern Sie dann in einem späteren Abschnitt des Businessplans.

Weiterhin gehören in das Kapitel zur Geschäftsidee Angaben zum Vertriebsstart sowie zu den Angelegenheiten, die vor diesem noch zu erledigen sind. Verfolgen Sie eine innovative Geschäftsidee, in deren Rahmen Sie ein Produkt entwickeln, geben Sie an, welche Entwicklungsschritte zuvor noch zu durchlaufen sind. Möglicherweise haben Sie sich auch für eine Geschäftsidee entschieden, für welche Sie von Gesetzes wegen eine bestimmte Genehmigung benötigen oder Ihr Produkt muss zunächst noch in einer gewissen Auflage produziert werden, um vorbereitet, sozusagen „auf Lager“, in die Vermarktung gehen zu können. All diese Dinge, die vor dem eigentlichen Geschäftsbeginn hinsichtlich des Produktes bzw. der Dienstleistung noch erledigt werden müssen, finden in diesem Abschnitt ihren Platz.

Der Kern des Abschnittes bildet dann der Nutzen, den die Kunden durch Ihr Produkt oder Ihre Dienstleistung erlangen. Diesen gilt es, ausführlich und überzeugend zu erläutern.

MARKTANALYSE

Im Rahmen der Marktanalyse beschreiben Sie genau, wie die Konkurrenzlage in der von Ihnen gewählten Branche aussieht. Zunächst ist es wichtig, herauszufinden, wie groß der Markt tatsächlich ist, also wie viele Wettbewerber Ihnen gegenüberstehen. Hieraus ist dann das Marktpotenzial abzuleiten, womit Ihr Unternehmen ins Spiel kommt.

Nehmen Sie Bezug auf Ihr Angebot und erläutern Sie, ob es bereits ähnliche oder nahezu identische Produkte bzw. Dienstleistungen in der von Ihnen gewählten Branche gibt. Im Anschluss sollten Sie sich mit den Stärken und Schwächen sowohl Ihrer Konkurrenten als auch Ihres eigenen Unternehmens auseinandersetzen. Dabei stellen Sie im idealen Fall heraus, welchen Nachteil Ihr

Unternehmen gegenüber der Konkurrenz aufweist und wie Sie diesen kompensieren können.

In diesem Abschnitt sollten Sie zudem auch die Preisgestaltung Ihrer Konkurrenz analysieren, um im Rahmen Ihrer Strategie Vergleichswerte zur Verfügung zu haben.

Zur Marktanalyse gehört neben der Analyse der Konkurrenz auch jene des Standortes. Für Ihr Unternehmen haben Sie sich sicherlich für eine bestimmte Örtlichkeit entschieden – es sei denn, Sie arbeiten von Zuhause aus und sind ausschließlich online unterwegs. Sofern Sie jedoch einen lokalen Geschäftssitz haben, müssen Sie in Ihrem Businessplan erklären können, warum Sie ausgerechnet diesen Standort für Ihr Unternehmen gewählt haben. Dabei ist es sinnvoll, die Potenziale des Standortes zu erwähnen und auch einen Ausblick auf dessen voraussichtliche Entwicklung zu geben. Bleiben Sie jedoch objektiv und erwähnen Sie gegebenenfalls auch Nachteile bzw. Risiken, die sich für Ihr Unternehmen an diesem Standort ergeben könnten.

ZIELGRUPPENANALYSE

Unter diesem Punkt beschreiben Sie, an welche Kunden sich Ihr Produkt oder Ihre Dienstleistung richtet. Geschlecht, beruflicher Hintergrund, Einkommensklasse und Alter sind dabei nur einige Aspekte, die Sie hier berücksichtigen. Die „Kundenart“ spielt hier ebenfalls eine

Rolle – vermarkten Sie Ihre Produkte bzw. Dienstleistungen ausschließlich an Privat- oder Geschäftskunden oder gehören beide Arten zu Ihrem Klientel?

Schließlich erläutern Sie auch die Bedürfnisse bzw. die Probleme Ihrer Kunden, die mit Ihrem Produkt oder Ihrer Dienstleistung befriedigt bzw. gelöst werden können.

ZIELFORMULIERUNG UND STRATEGIE

Dieser Punkt ist wohl der wichtigste, denn er entscheidet hauptsächlich darüber, ob Ihr Unternehmen erfolgreich sein wird oder nicht. Entsprechend dient eine klare Formulierung der Ziele sowie der Strategie dazu, die potenziellen Kapitalgeber von Ihrer Geschäftsidee zu überzeugen.

Wie Sie Ziele formulieren, haben Sie bereits im Rahmen des Mindsets im vorherigen Kapitel erfahren. Nun gilt es, die SMART-Methode auch auf das Geschäftliche anzuwenden. In diesem Abschnitt des Businessplans legen Sie unter anderem fest, wie viele Produkte oder Leistungen Sie planen, in einem bestimmten Zeitraum zu verkaufen, und welches Einnahmenziel Sie dabei anstreben.

Um diese Ziele festzulegen bzw. zu erreichen, müssen Sie mit Ihrem Unternehmen eine klare Strategie verfolgen, die es in diesem Abschnitt ebenfalls zu erläutern gilt. Verfolgen Sie die Strategie der Kostenführerschaft, indem Sie durch möglichst günstige Preise Kundenanreize schaffen, oder setzen Sie eher auf Qualität, um sich von der Konkurrenz abzuheben? Möglicherweise bewegen Sie sich mit Ihrer Geschäftsidee auch in einem sogenannten Nischensegment, dessen Markt zwar klein, dafür aber relativ konkurrenzarm ist. Egal, welche Strategie Sie verfolgen, eine detaillierte Beschreibung dieser ist im Businessplan unumgänglich.

Aus der Strategie ergeben sich dann schließlich auch noch weitere Punkte, wie etwa die Preisgestaltung und die durchzuführenden Werbemaßnahmen, die ebenfalls zu erläutern sind. Auf diese Aspekte wird im letzten Kapitel dieses Buches eingegangen, denn es handelt sich dabei um Bestandteile des Marketings.

UNTERNEHMENSINTERNE ANGELEGENHEITEN

Hierbei geht es um alle Aspekte, die die Abläufe Ihres Unternehmens betreffen. Neben den formalen Daten Ihres Unternehmens ist hier die Nennung der Rechtsform sowie die Begründung, warum Sie sich für diese entschieden haben, von Bedeutung. Ein weiterer Schwerpunkt dieses Abschnitts bildet die Organisation Ihres Unternehmens. Sie müssen beschreiben, wie im Unternehmen gearbeitet wird und welcher Mitarbeiter für welche Aufgaben zuständig ist. Sofern Sie das Unternehmen im Team gründen, ist auch die Struktur der Gesellschafter sowie deren Anteile am Unternehmen aufzuführen.

Wenn Sie zu Beginn noch keine Mitarbeiter haben, sollten Sie außerdem erläutern, ob, wann und für welche Bereiche Sie planen, solche einzustellen. Dazu gehört beispielsweise auch, nach welchen Kriterien Sie potenzielle Bewerber auswählen würden bzw. welche Qualifikationen für die Arbeit in Ihrem Unternehmen benötigt werden.

SWOT-ANALYSE

Im Rahmen der SWOT-Analyse stellen Sie die Stärken und Chancen den Schwächen und Risiken, die mit Ihrer Gründung einhergehen, gegenüber. So schaffen Sie einen Überblick über den Status Quo Ihres Unternehmens.

Während sich die Stärken und Schwächen (SW – Strength-Weakness) vordergründig auf Sie als Unternehmer beziehen, gilt es, bei den Chancen und Risiken (OT – Opportunities-Threats) auf den Markt zu schauen, auf welchem Sie agieren (werden).

Ein Beispiel zur Verdeutlichung: Sofern Sie bereits über kaufmännisches Wissen verfügen, können Sie dies als Stärke listen. Eine Schwäche wäre entsprechend das Gegenteil. Wenn Sie sich mit Ihrer Geschäftsidee in einer Nische bewegen, ist die Anzahl an Konkurrenten meist gering. Dies wäre als Chance zu verbuchen. Agieren Sie stattdessen in einem relativ gesättigten Markt mit vielen

Konkurrenten, ist die Kundengewinnung erschwert, was Sie als Risiko einstufen müssten.

Erläutern Sie im Anschluss an Ihre SWOT-Analyse, sofern möglich, auch, wie Sie gegen Schwächen und Risiken vorgehen möchten.

FINANZPLAN

Mit dem Finanzplan stellen Sie Ihr Gründungsvorhaben konkret in Zahlen dar. Sie legen hier den Kapitalbedarf fest und geben an, wie Sie die Gründung finanzieren möchten und welche Einnahmen und Ausgaben Sie voraussichtlich haben werden. Kurzum: Ihr Finanzplan gibt Aufschluss darüber, ob die Gründung Ihres Unternehmens überhaupt rentabel ist.

Für die Ermittlung des Kapitalbedarfs müssen Sie darlegen, welche Anschaffungen für die Gründung benötigt werden und welche sonstigen Kosten in diesem Zusammenhang anfallen.

Die Zusammensetzung der Finanzierung ergibt sich zum Teil daraus, wie viel Eigenkapital Sie Ihrem Unternehmen zum Start zur Verfügung stellen. Erläutern Sie unter diesem Punkt, wie hoch Ihr Eigenkapitalanteil ist und in welcher Höhe der Bedarf an Fremdkapital ausfällt, gemessen an Ihrem zuvor ermittelten Kapitalbedarf. Beschreiben Sie hier auch möglicherweise infrage kommende Förderungen, die den Kapitalbedarf senken könnten.

Als Unternehmer müssen Sie zu jeder Zeit liquide sein, daher müssen Sie möglichst realistisch schätzen und angeben, in welchem Rahmen sich die monatlichen Ein- und Ausgaben bewegen. Berücksichtigen Sie dabei auch Folgekosten, die sich beispielsweise aus einem Darlehen in Form von Tilgungsraten und Zinszahlungen ergeben. Ermitteln Sie im gleichen Zug auch eine Liquiditätsreserve, die für Unvorhergesehenes als Puffer dienen soll.

Zuletzt muss sich Ihre Gründung natürlich auch lohnen, daher sollten Sie zum Abschluss Ihres Finanzplans eine Rentabilitätsprognose aufführen. Stellen Sie hier wieder Schätzungen an, und zwar bezüglich des voraussichtlichen Umsatzes, Gewinns sowie der voraussichtlichen Kosten in den nächsten zwei oder drei Jahren.

EXECUTIVE SUMMARY

Zuletzt fassen Sie die Kernpunkte Ihres Businessplans noch einmal übersichtlich in der Executive Summary zusammen. Diese stellen Sie dem fertigen Businessplan dann als erste Seite – nach dem Deckblatt – voran.

Finanzierung

Die Finanzierung ist im vorherigen Kapitel unter dem Punkt „Finanzplan“ bereits angeklungen. Im besten Fall haben Sie so viel Eigenkapital zur Verfügung, dass Sie bei Ihrer Gründung auf keine fremden Finanzierungsmittel angewiesen sind. Dies erspart Ihnen nicht nur einiges an Bürokratie, sondern auch an zusätzlichen Kosten. Wenn Ihr Eigenkapital jedoch nicht ausreicht, führt kein Weg daran vorbei, sich Fremdkapital zu beschaffen. Dieses gibt es in vielen verschiedenen Formen, von denen Ihnen die relevantesten in diesem Kapitel näher gebracht werden.

DARLEHEN UND KREDITE

Im Volksmund werden die beiden Begriffe *Darlehen* und *Kredit* häufig synonym verwendet. Tatsächlich bestehen zwischen beiden Fremdfinanzierungsarten einige Unterschiede.

Beide haben gemeinsam, dass Sie eine bestimmte Summe von einem Finanzinstitut erhalten und diese irgendwann zurückzahlen müssen. In der Praxis wird häufig ein sogenanntes Annuitätendarlehen vereinbart. Bei diesem erfolgt die Rückzahlung meist in monatlichen Raten. Diese setzen sich aus der Tilgung – also der Rückzahlung des Darlehens – und den Zinsen, die das Finanzinstitut für die Inanspruchnahme der Darlehenssumme verlangt, zusammen. Hierbei verändert sich nach jeder Zahlung die Aufteilung des Zins- und Tilgungsanteils, da die Zinsen immer nur auf die verbliebene Restschuld berechnet werden, während die Höhe der Rate gleich bleibt. Mit jeder Zahlung steigt also der Tilgungsanteil, da die Restschuld immer niedriger wird.

Ein anderes Beispiel ist der Rahmenkredit: Hierbei kann eine festgelegte Kreditlinie in Anspruch genommen werden, für die vorerst nur Zinsen bezahlt werden müssen. Die Tilgung muss erst dann erfolgen, wenn die Kreditlinie gekündigt wird. Der Betrag kann jedoch in der Regel jederzeit ganz oder teilweise zurückgeführt werden, um die Zinslast zu reduzieren. Sollte der Betrag später noch einmal benötigt werden, kann er einfach wieder abgerufen werden. Diese Form des Fremdkapitals eignet sich daher insbesondere zur Überbrückung von kurzfristigen Liquiditätsengpässen.

Während Kredite einen kurzfristigen Finanzierungshorizont haben, beträgt die Laufzeit eines Darlehens oft mehrere Jahrzehnte. Dementsprechend werden mit einem Darlehen auch häufig höhere Summen finanziert als mit einem Kredit. Aufgrund dessen sind die Zinssätze bei Darlehen in der Regel weitaus geringer.

Da die Summe eines Darlehens höher ist als jene eines Kredits, fordern Banken neben einer guten Bonität – unter anderem ein regelmäßiges Einkommen, ein bisher unauffälliges Zahlungsverhalten und möglichst keine bestehende Verschuldung – für die Bewilligung gewisse Sicherheiten. Als Sicherheit können beispielsweise Wertpapiere, Immobilien, kapitalbildende Versicherungen oder schlicht ein solides Eigenkapital infrage kommen. Weiterhin können Bürgschaften, beispielsweise von Familienangehörigen, aber auch von speziellen Bürgschaftsbanken, als Sicherheit dienen. Übrigens stellt auch der bereits behandelte Businessplan durchaus eine Sicherheit dar, denn hier kann das Finanzinstitut sehen, ob Ihr dort aufgestellter Finanzierungsplan plausibel bzw. ob Ihr Vorhaben rentabel ist.

Für die Bewilligung von geringen Kreditsummen genügt den Finanzinstituten meist eine einfache Bonitätsüberprüfung.

Ein weiterer Unterschied besteht zuletzt aus formeller Perspektive: Während ein Kredit unmittelbar nach der Vertragsunterzeichnung in Kraft tritt, erlangt das Darlehen erst mit Auszahlung der zu finanzierenden Summe bzw. der ersten Teilsumme, wenn Sie sich für partielle Auszahlungen entscheiden, seine Gültigkeit.

Ob Sie sich für einen Kredit oder ein Darlehen entscheiden, hängt also ganz davon ab, wie hoch die zu finanzierende Summe ausfallen und wie die Rückzahlung des Betrages ablaufen soll.

Benötigen Sie für Ihre Gründung beispielsweise ein hohes Startkapital, eignet sich ein Darlehen besser, da die Rückzahlung kostengünstig auf mehrere Jahre verteilt werden kann.

Brauchen Sie hingegen lediglich bestimmte Arbeitsmittel, beispielsweise einen Laptop und Büromobiliar, bieten sich eher kurzfristige Kredite an.

FÖRDERMITTEL FÜR GRÜNDER

Natürlich können Sie sich mit der Finanzierung Ihrer Gründung an Ihre Hausbank wenden und dort einen klassischen Kredit oder ein Darlehen beantragen. Es lohnt sich jedoch, sich zuvor über mögliche Alternativen zu informieren, denn insbesondere für Gründer gibt es diverse Förderungsmöglichkeiten mit meist viel vorteilhafteren Konditionen.

Als Erstes ist hier der Gründerkredit der KfW-Förderbank zu nennen. Neben den sehr guten Konditionen stellt diese Fördermöglichkeit oft die einzige Alternative dar, um überhaupt durch ein Finanzinstitut an Fremdkapital zu gelangen – insbesondere, wenn Sie beispielsweise bei klassischen Banken nicht genügend Sicherheiten vorweisen können und diesen die Finanzierung Ihres Vorhabens demnach zu risikobehaftet ist. Es handelt sich hierbei um eine staatliche Förderung, deren Mittel strikt für Betriebszwecke einzusetzen sind. Ein weiterer Vorteil des KfW-Gründerkredits besteht darin, dass während der ersten Monate keine Tilgung anfällt, um die zu Beginn notwendige Liquidität zu gewährleisten.

Die KfW und zahlreiche weitere Förderbanken bieten verschiedene Modelle zur Gründungsfinanzierung an, auch in Abhängigkeit davon, in welcher Phase sich Ihr Unternehmen gerade befindet. Informieren Sie sich umfassend und lassen Sie sich bei Bedarf beraten, um die für Sie passenden Fördermittel ausfindig zu machen.

Neben dem Gründerkredit und ähnlichen Förderungen gibt es jedoch auch die Möglichkeit, Gründungszuschüsse zu erhalten. Auch diese sind zweckgebunden, Sie müssen den Betrag, den Sie erhalten, also für Betriebszwecke bzw. für die Deckung der Lebenshaltungskosten während der Gründungsphase einsetzen. Der Vorteil eines Gründungszuschusses ist, dass Sie nichts zurückzahlen müssen. Aus diesem Grund fällt aber auch die Summe eines solchen Zuschusses nicht so hoch aus, wie es etwa bei einem Gründerkredit der Fall ist. Dementsprechend werden Sie mit Zuschüssen auch keinesfalls Ihre gesamte Gründung finanzieren können, sie dienen lediglich als monetäre Unterstützung.

VENTURE CAPITAL

Bisher haben Sie, mit Ausnahme des Gründungszuschusses, lediglich Fördermittel kennen gelernt, die Sie im Anschluss wieder zurückzahlen müssen. Um ein Unternehmen zu gründen, müssen Sie jedoch nicht zwangsläufig ein Schuldverhältnis eingehen, auch dann nicht, wenn Sie über kein oder nur über ein geringes Eigenkapital verfügen.

Fremdkapital können Sie nicht nur über Finanzinstitute oder den Staat beziehen, sondern auch, indem Sie Investoren für Ihr Gründungsvorhaben gewinnen. Eine in Deutschland noch recht unbekannte, aber zunehmend beliebtere Form der Fremdfinanzierung ist jene mit Venture Capital, zu Deutsch *Risikokapital*, auch unter dem Begriff Beteiligungsfinanzierung bekannt. Bei dieser Finanzierungsform erhalten Sie Kapital von privaten Investoren oder von speziellen Venture-Capital-Gesellschaften auf Basis Ihres Businessplans. Im Gegenzug erwerben die Investoren prozentuale Anteile an Ihrem Unternehmen und damit auch den Anspruch auf eine Gewinnbeteiligung sowie ein entsprechendes Mitbestimmungsrecht. Die Investoren werden auf diese Weise also Miteigentümer. Damit einher geht für Sie außerdem die Pflicht, die Investoren stets über den Status Quo Ihres Unternehmens zu unterrichten, dafür können Sie jedoch mit dem zur Verfügung gestellten Beteiligungskapital eigenverantwortlich walten und häufig auch auf Beratung seitens der Investoren zählen.

CROWDFUNDING

Eine ähnliche Form der Finanzierung durch Investoren stellt das Crowdfunding dar. Dabei erhalten Sie Fremdkapital von vielen verschiedenen Investoren, wodurch das Risiko jedes einzelnen Investors minimiert wird. Für Crowdfunding gibt es mittlerweile viele Plattformen im

Internet, auf denen Sie Ihren Businessplan vorstellen und so potenzielle Investoren von Ihrer Geschäftsidee überzeugen können. Im Rahmen des klassischen Crowdfunding verpflichten Sie sich gegenüber allen Investoren einer Gegenleistung für die Bereitstellung des Kapitals. Wie diese Gegenleistung aussieht, ist nicht festgelegt, häufig erhalten die Investoren beispielsweise eine Ausführung Ihres Produktes.

Eine Unterform des Crowdfunding ist das Crowdinvesting, welches dem Venture-Capital-Prinzip am meisten ähnelt. Alle Investoren erhalten Anteile an Ihrem Unternehmen, welche sich aus der bereitgestellten Summe des jeweiligen Investors ergeben. Damit sind auch alle Investoren am Gewinn beteiligt.

Das Prinzip des Crowdlendings ähnelt hingegen eher einem Kredit. Sie zahlen den Investoren die bereitgestellte Summe inklusive eines festgelegten Zinssatzes in einem bestimmten Zeitraum zurück.

Zuletzt gibt es noch die Crowddonation, bei welcher Investoren Ihnen Fremdkapital in Form von Spenden zur Verfügung stellen, ohne dass Sie sich dabei zu einer Gegenleistung verpflichten.

Sie sehen: Die Beantragung von Darlehen, Krediten und sonstigen Fördermitteln kann mit vielen bürokratischen Hürden einhergehen. Mit der Erstellung eines ausführlichen und überzeugenden Businessplans haben Sie die meiste Arbeit jedoch bereits erledigt. Dieses Kapitel hat entsprechend noch einmal deutlich gemacht, wie wichtig der Businessplan für die Finanzierung Ihres Gründungsvorhabens tatsächlich ist.

Planung

Wie Sie im Kapitel ››Businessplan‹‹ bereits erfahren haben, gilt es, vor Ihrer Unternehmensgründung nicht nur die Finanzierung zu planen. Sie müssen sich auch über die Rechtsform, den Unternehmensnamen, über einzuholende Genehmigungen sowie über die Zusammensetzung des Gründerteams im Vorfeld bewusst sein – andernfalls können Sie wohl kaum einen überzeugenden Businessplan erstellen. Daher erhalten Sie in diesem Kapitel einen Überblick über die einzelnen Planungsschritte sowie nützliche Tipps, die Ihnen die eine oder andere Entscheidung erleichtern werden.

DIESE GENEHMIGUNGEN BENÖTIGEN SIE

Welche Genehmigungen Sie für Ihre Gründung brauchen, hängt zum einen von Ihrer Geschäftsidee ab bzw. davon, in welcher Branche Sie sich bewegen. Zum anderen kommt es darauf an, ob Sie Ihre Selbstständigkeit haupt- oder nebenberuflich ausüben werden.

Arbeitgeber – Pflichten und Verbote

Sofern Sie sich in einem Angestelltenverhältnis befinden und Ihr Unternehmen (zunächst) als Nebengewerbe betreiben möchten, sollten Sie einen Blick in Ihren Arbeitsvertrag werfen. Hier findet sich meist ein Abschnitt, der sich mit dem Thema des Nebenerwerbs beschäftigt.

Grundsätzlich gilt: Ein Arbeitgeber darf seinem Angestellten nicht verbieten, neben dem Hauptjob einer Nebentätigkeit nachzugehen. Finden sich solche Regelungen in Ihrem Arbeitsvertrag wieder, sind diese ganz klar gesetzeswidrig.

Anders sieht es allerdings aus, wenn in Ihrem Arbeitsvertrag steht, dass Sie sich dazu verpflichten, Ihrem Arbeitgeber mitzuteilen, wenn Sie ein Nebengewerbe betreiben oder einer sonstigen Tätigkeit neben dem Hauptjob nachgehen. Wenn im Vertrag jedoch zusätzlich aufgeführt ist, dass Ihr Arbeitgeber Ihr Vorhaben zunächst genehmigen muss, ist das wiederum rechtswidrig – es sei denn, es liegen besondere Umstände vor, die eine Ablehnung Ihres Vorhabens seitens des Arbeitsgebers rechtfertigen.

Solche besonderen Umstände, die ein Verbot des Nebengewerbes durch den Arbeitgeber legitimieren, können unterschiedlicher Natur sein. Insbesondere, wenn Sie sich mit Ihrem Unternehmen in der gleichen Branche wie Ihr Arbeitgeber bewegen, vergleichbare Produkte oder Dienstleistungen anbieten und für ihn somit eine Konkurrenz darstellen, kann Ihr Arbeitgeber das

Nebengewerbe verbieten. Wenn Sie diesem Verbot zuwiderhandeln, hat Ihr Arbeitgeber sogar das Recht, Sie fristlos zu entlassen.

Wenn Sie Ihren Hauptjob aufgrund Ihrer Nebentätigkeit vernachlässigen, ist dies ein weiterer Grund für Ihren Arbeitgeber, Ihnen das Nebengewerbe zu untersagen. Dies gilt vor allem, wenn Sie beispielsweise im Rahmen Ihrer Arbeitszeit des Hauptjobs Tätigkeiten für Ihren Nebenjob ausführen.

In puncto Arbeitszeit ist zudem gesetzlich geregelt, dass diese pro Werktag nicht mehr als acht Stunden betragen darf – in Ausnahmefällen darf die Arbeitszeit 10 Stunden betragen, sofern dies nicht regelmäßig der Fall ist. Wenn Sie einem Vollzeitjob mit Acht-Stunden-Tag nachgehen, dürfen Sie nach Feierabend also theoretisch nicht noch Tätigkeiten für Ihr Nebengewerbe verrichten. Erfährt Ihr Arbeitgeber, dass Sie mehr arbeiten als gesetzlich zugelassen, könnte auch dies Konsequenzen nach sich ziehen.

Insgesamt sind alle genannten Gründe, die ein Verbot der Nebentätigkeit durch den Arbeitgeber zulassen, mehr oder weniger eindeutig in den entsprechenden Gesetzen geregelt. Natürlich gibt es an der einen oder anderen Stelle einen gewissen Interpretationsspielraum – beispielsweise dahingehend, ob Sie aufgrund Ihrer Nebentätigkeit Ihren Hauptjob nicht mehr gewissenhaft ausführen, denn dieser Umstand muss Ihnen erst einmal bewiesen werden. Um unnötige Konflikte zu vermeiden, sollten Sie sich jedoch an die Regeln halten, vor allem aber, um nicht eine fristlose Kündigung zu riskieren.

Regelt Ihr Arbeitsvertrag, dass Sie Ihrem Arbeitgeber eine Nebentätigkeit zu melden haben, genügt hier im Prinzip eine mündliche Mitteilung. Zu empfehlen ist jedoch, dass Sie Ihren Arbeitgeber schriftlich darüber informieren und sich im Anschluss von ihm ebenfalls schriftlich bestätigen lassen, dass er die Meldung zur Kenntnis genommen hat – sicher ist sicher.

Erlaubnispflichtige Gewerbe

Je nachdem, welche Produkte und Dienstleistungen Sie mit Ihrem Unternehmen anbieten möchten, benötigen Sie für den Vertrieb derselben neben einer Gewerbeanzeige möglicherweise eine Erlaubnis. Welche Tätigkeiten erlaubnispflichtig sind, ist in der Gewerbeordnung geregelt – meist ist das Ordnungsamt hier der richtige Ansprechpartner. Daneben gibt es auch einige Tätigkeiten, für die zusätzlich oder stattdessen eine spezielle Genehmigung durch die jeweils zuständigen Behörden benötigt wird. Einige Tätigkeiten erfordern für ihre Erlaubnis außerdem gewisse persönliche Qualifikationen bzw. Voraussetzungen, beispielsweise ein bestimmtes Studium, Zertifikate, eine Meisterprüfung, ein einwandfreies polizeiliches Führungszeugnis oder eine Unbedenklichkeitsbescheinigung vom Finanzamt.

In der Gewerbeordnung (GewO) können Sie die Voraussetzungen für die Ausführung aller erlaubnispflichtigen Gewerbe nachlesen. Da eine ausführliche Behandlung jedes erlaubnispflichtigen Gewerbes an dieser Stelle zu weit führen würde, finden Sie hier lediglich eine zusammenfassende Auflistung:

- Private Krankenanstalten
- Schaustellung von Personen
- Betrieb einer Spielhalle, von Gewinnspielgeräten und sonstige Spiele mit Gewinnmöglichkeit
- Bewachungsgewerbe
- Versteigerungsgewerbe
- Immobilienmakler, -verwalter, Bauträger, Baubetreuer o. Ä.
- Finanzvermittler
- Versicherungsvermittler, -berater
- Reisegewerbe

Als Beispiele für genehmigungspflichtige Gewerbe, deren Voraussetzungen in Verordnungen außerhalb der GewO geregelt sind, können folgende Gewerbe genannt werden:

- Bankgeschäfte und Finanzdienstleistungen (KWG - Gesetz über das Kreditwesen)
- Briefbeförderung (PostG - Postgesetz)
- Fahrschule (FahrlG - Gesetz über das Fahrlehrerwesen)
- Gaststättengewerbe mit Ausschank alkoholischer Getränke (GastG - Gaststättengesetz)
- Tierhandel, -haltung und -zucht (TierSchG - Tierschutzgesetz)

GRÜNDUNG ALLEIN ODER IM TEAM?

Für viele angehende Gründer klingt die alleinige Führung eines Unternehmens verlockend – man ist von niemandem – außer gegebenenfalls bis zu einem gewissen Grad von seinen Mitarbeitern – abhängig, kann alle Entscheidungen nach eigenem Ermessen treffen und muss erzielte Gewinne nicht mit anderen teilen. Was dabei aber häufig nicht bedacht wird, sind die Nachteile, die bei einer alleinigen Gründung entstehen können.

Mit einer Einzelgründung geht einher, dass Sie sich um alle anfallenden Aufgaben selbst kümmern müssen. Dies kann einem schnell über den Kopf wachsen, insbesondere, wenn sich Ihr Unternehmen in der Wachstumsphase befindet. Eine klare Aufgabenverteilung im Team, bestenfalls gemessen an den jeweiligen Kenntnissen und Fähigkeiten jedes Gründungsmitglieds, kann dabei effektiver sein.

Des Weiteren tragen Sie auch die alleinige Verantwortung sowie die Haftung für mögliche Fehler, die auch finanzielle Herausforderungen mit sich bringen können. Mit mehreren Gründern steht meist auch ein größeres finanzielles Polster zur Verfügung, mit welchem sich solche Herausforderungen besser überbrücken lassen.

Obwohl eine Einzelgründung meist mit geringeren Kosten einhergeht, kann die Gründung im Team insgesamt investitionsärmer ausfallen, da man mit mehreren Gründern gleichzeitig mehrere Personen hat, die im Unternehmen arbeiten. Kosten für die Einstellung von Personal könnten damit für die erste Zeit erst einmal wegfallen.

Ein weiterer Vorteil einer Teamgründung besteht darin, dass bezüglich des Treffens von Entscheidungen und der Findung von Lösungswegen eine größere Bandbreite abgedeckt werden kann. Als alleiniger Entscheidungsträger hat man nur eine begrenzte, nicht selten auch subjektive Perspektive auf gewisse Sachverhalte. Zudem stehen einem nur die eigenen Fähigkeiten und Kenntnisse zur Verfügung. Im Team treffen viele unterschiedliche Ideen und Kompetenzbereiche aufeinander, die sich gegenseitig ergänzen können und so einen Blick „über den Tellerrand" erlauben.

Mit der Arbeit im Team geht jedoch auch einher, dass man in seinen eigenen Ideen und Vorstellungen eingeschränkt ist. Man muss Kompromisse eingehen und ein stückweit auf seine Handlungsfreiheit verzichten. Zudem gilt es, insbesondere vor der Gründung viele Dinge zu regeln, sei es die Gewinnbeteiligung, die Aufgabenverteilung oder die Festlegung von Geschäftsabläufen. Kommunikation ist hier das A und O und wird nicht immer unkompliziert vonstattengehen. Diskussionen und Konflikte nehmen einen festen Platz im Alltag eines Gründerteams ein.

Sie sehen, viele Aspekte können je nach Sichtweise als Vorteil oder Nachteil interpretiert werden. Während der eine die alleinige Entscheidungsfreiheit bevorzugt, ist der andere froh, jederzeit Ansprechpartner zu haben, die er nach deren Ansichten befragen kann. Wird die Verteilung der Aufgaben und somit auch der Verantwortung von der einen Person geschätzt, möchte eine andere lieber alle Fäden selbst in der Hand halten. Daher sollten Sie die Entscheidung, allein oder im Team zu gründen, vordergründig von Ihrer eigenen Persönlichkeit abhängig machen. Arbeiten Sie lieber eigenverantwortlich oder blühen Sie in der Arbeit im Team auf? Sind Sie kompromissbereit oder halten Sie an Ihrer Geschäftsidee und Ihren Vorstellungen in der jetzigen Form fest? Sind Sie bereit, die Gewinne, die Ihr Unternehmen generieren wird, zu teilen? Können Sie damit umgehen, bestimmte wichtige Aufgaben von jemand anderem ausführen zu lassen, oder vertrauen Sie vorwiegend sich selbst und erledigen lieber alles für sich? Sind Sie bereit, während Ihrer Unternehmer-Laufbahn stets neue Dinge zu erlernen – das sollten Sie aufgrund Ihres unternehmerischen Mindsets ohnehin sein – und sich für völlig neue Aufgabenbereiche zu öffnen? Oder möchten Sie sich lieber auf Ihre Kernkompetenzen konzentrieren und die übrigen Bereiche anderen überlassen? Haben Sie ein ausreichendes finanzielles Polster, um auch Zeiten überbrücken zu können, in denen es einmal nicht so gut läuft? Sind Sie mental stark genug, um auch in stressigen Phasen oder beim Aufkommen von Problemen einen kühlen Kopf zu bewahren? Oder fühlen Sie sich besser, wenn Sie dann jemanden an Ihrer Seite haben, der im gleichen Boot sitzt? All das sind Fragen, deren Beantwortung Ihnen bei Ihrer Entscheidung für die richtige Gründungsform helfen werden.

RECHTSFORMEN

Welche Rechtsform ist die richtige für Sie? Um dies herauszufinden, sollten Sie sich zunächst umfassend mit den verschiedenen Rechtsformen beschäftigen.

Nicht jede Rechtsform eignet sich für jedes Unternehmen, daher sollte in jedem Fall eine Entscheidung auf Basis der individuellen Situation getroffen werden.

Ob Sie allein oder im Team gründen, wie hoch Ihr Startkapital ist und welche Haftung Sie bereit sind, einzugehen, sind nur drei Faktoren, die Sie bei Ihrer Entscheidung für die richtige Rechtsform berücksichtigen sollten.

Um Ihnen Ihre Entscheidung zu erleichtern, finden Sie im Folgenden die wesentlichen Eigenschaften der verschiedenen Rechtsformen sowie deren Vor- und Nachteile. Die Vor- und Nachteile sind dabei jedoch keinesfalls festgeschrieben, denn was für das eine Unternehmensziel von Vorteil sein kann, kann für ein anderes einen Nachteil darstellen. Dies verdeutlicht noch einmal, dass es unabdingbar ist, die Rechtsform an die individuellen Gegebenheiten anzupassen. Versuchen Sie also, die Informationen in diesem Kapitel unmittelbar auf Ihr Unternehmen zu beziehen, um so herauszufinden, welche Rechtsform für Sie am ehesten infrage kommt.

Einzelunternehmen / e.K.

Das Einzelunternehmen eignet sich am besten für Solo-Gründer, die Ihre Selbstständigkeit zunächst nebenberuflich als Kleingewerbetreibende ausüben möchten. Auch Freiberufler gehören zu den Einzelunternehmen. Dabei handelt es sich um bestimmte Berufsgruppen, die insbesondere die Gewerbesteuerfreiheit genießen. Zu den freien Berufen zählen unter anderem selbstständige Tätigkeiten im schriftstellerischen, künstlerischen, medizinischen und wissenschaftlichen Bereich. Als Freiberufler können demnach beispielsweise Zahnärzte, Rechtsanwälte und Journalisten bezeichnet werden.

Die Gründung eines Einzelunternehmens verläuft relativ unkompliziert, hierfür ist lediglich eine Anmeldung beim zuständigen Gewerbeamt durchzuführen. Für Freiberufler entfällt selbst die Gewerbeanzeige, sie müssen stattdessen dem zuständigen Finanzamt eine formlose Mitteilung über ihre Selbstständigkeit zukommen lassen und eine Steuernummer beantragen.

Ein Mindestkapital ist für Einzelunternehmer nicht vorgeschrieben, je nach Unternehmensgegenstand ist ein finanzielles Polster allerdings immer von Vorteil.

Als Einzelunternehmer tragen Sie eine unbeschränkte und unmittelbare Haftung, was bedeutet, dass Sie für Verbindlichkeiten u. Ä. sowohl mit dem Geschäfts- als auch mit Ihrem Privatvermögen aufkommen müssen. Es besteht allerdings der Vorteil, dass Sie uneingeschränkten Zugriff auf das Geschäftsvermögen haben.

Sie können jederzeit Geld entnehmen oder einzahlen. Dies müssen Sie im Rahmen der Buchführung lediglich als Privatentnahmen und -einlagen verbuchen.

Wenn Sie Ihr Einzelunternehmen ins Handelsregister eintragen lassen und fortan den Zusatz e.K. (eingetragener Kaufmann) oder e.Kfm. bzw. e.Kfr. tragen, beispielsweise, um bei potenziellen Kunden und Geschäftspartnern einen seriöseren, etablierteren Eindruck zu hinterlassen, ergeben sich hinsichtlich des bisher Aufgeführten kaum Änderungen. Allerdings fallen mit dem Eintrag ins Handelsregister einige Zusatzkosten an. Die Eintragung erfolgt nur über einen Notar, der Ihren Antrag zur Eintragung überprüft und an das Amtsgericht am Ort Ihres Geschäftssitzes weiterleitet. Neben den Kosten für den Notar müssen Sie dann noch eine Gebühr an das zuständige Amtsgericht für die Eintragung selbst entrichten.

Personengesellschaften

Die Gründung einer Personengesellschaft bietet sich immer dann an, wenn man mit einer oder mehreren Personen ein gleiches Tätigkeitsziel verfolgt. Hier gibt es drei Formen: Die Gesellschaft bürgerlichen Rechts (GbR), die Offene Handelsgesellschaft (OHG) sowie die Kommanditgesellschaft (KG).

GbR / OHG

Eine **GbR** eignet sich vor allem für Personen, die sich alternativ zum Einzelunternehmen mit einer oder mehreren Personen zusammenschließen möchten. Häufige Zusammenschlüsse unternehmen dementsprechend auch Kleingewerbetreibende und Freiberufler. Bei der GbR handelt es sich um eine unkomplizierte Gründung, da sie sozusagen im Moment des Zusammenschlusses von selbst entsteht, ohne dabei irgendwelche formellen Angelegenheiten durchlaufen zu müssen. Daneben besteht nicht einmal die Pflicht, einen Gesellschaftsvertrag anzufertigen – wobei dies natürlich grundsätzlich zu empfehlen ist –, mündliche Abmachungen reichen bei dieser Rechtsform aus. Sobald mit der GbR allerdings Handel betrieben wird, muss jeder Gesellschafter ein Gewerbe für die GbR anmelden.

Wie bei Einzelunternehmen ist auch bei einer GbR kein Mindestkapital vonnöten, doch im Gegensatz zum Einzelunternehmen sind hier alle Gesellschafter gleichberechtigt und tragen denselben Haftungsumfang, sofern es in einem bestehenden Vertrag nicht anders geregelt ist. Die Haftung umfasst dabei ebenfalls sowohl das Gesellschafts- als auch das Privatvermögen, hinzu kommt hier, dass jeder Gesellschafter auch für den anderen Gesellschafter vollumfänglich haftet. Wie beim Einzelunternehmen können jederzeit Privatentnahmen und -einlagen getätigt werden. Dabei gilt es jedoch, zu beachten, dass ein Gesellschafter dem Geschäftsvermögen nur so viel entnehmen darf, wie ihm entsprechend des Gewinnanteils zusteht. Fällt die Entnahme höher aus, ist er dazu verpflichtet, die Differenz zurückzahlen – es sei denn, im Gesellschaftsvertrag wurde eine andere Vereinbarung getroffen. Darüber hinaus muss im Rahmen der Buchführung für jeden Gesellschafter ein eigenes Kapitalkonto eingerichtet werden, auf welchem die jeweiligen Einlagen und Entnahmen sowie die Gewinnanteile verbucht werden. Diese Regelungen über die Entnahmen und Einlagen gelten im Übrigen nicht nur für die GbR, sondern für alle Personengesellschaften.

Sobald der Umfang der Geschäftstätigkeit der GbR nach § 1 Abs. 2 HGB eine kaufmännische Einrichtung erfordert, verwandelt sich die GbR in eine **OHG**. Dies ist jedoch nur mit Gesellschaftern möglich, die den Status des Gewerbetreibenden innehaben – Freiberufler können keine Gesellschafter einer OHG sein. Bezüglich der Haftung gelten dann immer noch dieselben Kriterien wie bei der GbR, jedoch erfordert die OHG neben der Gewerbeanzeige jedes Gesellschafters einen Eintrag ins Handelsregister.

Eine weitere Form der Personengesellschaft, die Ihnen nicht vorenthalten werden soll, ist die **Partnerschaftsgesellschaft (PartG)**, die dem Zusammenschluss von Freiberuflern dient und damit für diese Berufsgruppe eine Alternative zur OHG darstellt. Im Gegensatz zu GbR und OHG muss hier ein Partnerschaftsvertrag geschlossen werden. Dieser muss den Namen und den Sitz der Partnerschaft, die vollständigen Namen, den Wohnort sowie die ausgeübten Berufe aller Partner und den Gegenstand der Partnerschaft beinhalten.

Ein weiterer Unterschied zu GbR und OHG besteht zudem in der Haftung: Auch in einer PartG haften alle Gesellschafter unmittelbar, also auch mit ihrem Privatvermögen, jedoch nur, wenn entstehende Verbindlichkeiten die Gesellschaft im Ganzen betreffen. Unterläuft beispielsweise bei einem Auftrag, den nur ein Partner ausführt, ein Fehler, muss dieser Partner auch vollumfänglich für seinen Fehler haften – zwar auch mit dem Gesellschaftsvermögen, jedoch haften alle anderen Partner in diesem Fall nicht mit ihrem Privatvermögen.

Zuletzt erfolgt die Eintragung nicht wie bei der OHG im Handelsregister, sondern im Partnerschaftsregister, was ebenfalls über einen Notar erledigt wird.

KG

Eine KG eignet sich vor allem dann, wenn man beim Zusammenschluss mit anderen Gesellschaftern vornehmlich an einer finanziellen Stütze interessiert ist, insgesamt aber die wesentliche Entscheidungsbefugnis behalten möchte. Man unterscheidet hier zwischen Komplementären und Kommanditisten. Während ein Komplementär bzw. mehrere Komplementäre der Geschäftsführung angehören und entsprechend die Entscheidungsbefugnis innehaben, steht Kommanditisten lediglich ein Kontrollrecht zu, wodurch sie strikt von der Geschäftsführung getrennt sind. Diese Regelungen können jedoch bei Bedarf im Gesellschaftsvertrag modifiziert werden, der im Übrigen keinen besonderen Voraussetzungen unterliegt.

Für die Gründung muss ein Eintrag ins Handelsregister erfolgen. Zum Notartermin müssen dabei sowohl alle Komplementäre als auch alle Kommanditisten anwesend sein. Ein Mindestkapital ist für die Gründung nicht notwendig.

Im Hinblick auf die Haftung tragen die Komplementäre die größte Verantwortung. Sie haften ohne Beschränkung sowohl mit dem Betriebs- als auch mit ihrem Privatvermögen. Die Kommanditisten hingegen haften lediglich bis zur Höhe Ihrer finanziellen Einlagen.

Kapitalgesellschaften

Im Gegensatz zum Einzelunternehmen und zu Personengesellschaften ist die Gründung einer Kapitalgesellschaft meist kostenintensiver, nicht zuletzt, weil für jede Kapitalgesellschaft der Eintrag ins Handelsregister verpflichtend ist. Hinzu kommt, dass die Jahresabschlüsse veröffentlicht werden müssen. Der große Vorteil besteht allerdings darin, dass die Haftung in der Regel auf das Gesellschaftsvermögen beschränkt ist, das Privatvermögen bleibt – abgesehen von einigen Sonderregelungen – unberührt.

Eine Kapitalgesellschaft ist eine eigenständige juristische Person, die Trägerin von Rechten und Pflichten ist. Damit einher geht, dass die Gesellschafter einer Kapitalgesellschaft keine privaten Ausgaben über das Geschäftskonto begleichen dürfen. Um als Gesellschafter Geld aus dem Unternehmensvermögen zu erhalten, muss dieser entweder dort angestellt sein und ein Gehalt beziehen oder es muss eine Gewinnausschüttung vorgenommen werden – sofern Gewinn vorhanden ist.

Eine Kapitalgesellschaft kann in Deutschland in der Form einer Unternehmergesellschaft (haftungsbeschränkt) [UG], einer Gesellschaft mit beschränkter Haftung (GmbH) und einer Aktiengesellschaft (AG) gegründet werden.

UG / GmbH

Die Gründung einer UG eignet sich vor allem für kleine Unternehmen, für deren Gewerbeabsicht ein geringes Startkapital genügt und die an einer beschränkten Haftung interessiert sind. Auch Freiberufler können diese Rechtsform wählen, allerdings verlieren sie dann die Gewerbesteuerfreiheit.

Anders als bei den bisher vorgestellten Gesellschaften ist für die Gründung einer UG lediglich ein Gesellschafter nötig. Für die Gründung selbst ist vor dem Eintrag ins Handelsregister die Beurkundung eines individuellen Gesellschaftsvertrags oder eines Musterprotokolls durch einen Notar notwendig. Die Form des Musterprotokolls unterscheidet sich in seiner Ausführlichkeit in Abhängigkeit davon, ob eine Einpersonen- oder Mehrpersonengesellschaft gegründet wird. Es enthält im Wesentlichen Angaben zum Stammkapital, zu dem oder den

Gesellschafter/n und deren Geschäftsanteilen, zum Geschäftsführer sowie zum Unternehmensgegenstand. Ein individueller Gesellschaftsvertrag verursacht höhere Kosten, ist jedoch unabdingbar, wenn mehr als ein Geschäftsführer bestellt werden soll.

Das Mindeststammkapital einer UG beträgt 1 Euro und muss vor der Eintragung ins Handelsregister auf ein Konto der Gesellschaft eingezahlt werden.

Der Kern der UG liegt, wie bereits erwähnt, in der beschränkten Haftung. Alle Gesellschafter haften lediglich bis zur Höhe ihres Anteils am Gesellschaftsvermögen. Ausnahmen bilden hier beispielsweise das Eingehen von Verbindlichkeiten im Namen der UG vor der Eintragung ins Handelsregister sowie die Übernahme von Bürgschaften für Darlehen, die die UG unter dieser Voraussetzung von einer Bank bekommen hat.

Die Besonderheit an der UG ist die Gewinnverwendung: Die Gewinne dürfen nur zu 75 Prozent ausgeschüttet werden, da 25 Prozent thesauriert werden müssen, und zwar so lange, bis das Stammkapital auf mindestens 25.000 Euro erhöht wurde. Der Hintergrund ist das allgemeine Ziel einer UG: Die Umfirmierung zur GmbH. Das ist ab einem Mindeststammkapital in Höhe von 25.000 Euro möglich. Die Umwandlung in eine GmbH ist jedoch keine Pflicht, allerdings bleiben die Beschränkungen hinsichtlich der Gewinnausschüttung ohne eine solche dauerhaft bestehen und die UG muss weiter den Zusatz (haftungsbeschränkt) führen.

Die GmbH kann entsprechend als „große Form“ der UG bezeichnet werden – für die UG sind dabei Begriffe wie „Mini-GmbH“ geläufig. Genau genommen stellt die UG keine eigene Rechtsform, sondern lediglich eine Unterform der GmbH dar. Die Formalitäten einer GmbH gleichen, abgesehen von den Regelungen zur Gewinnausschüttung, jenen einer UG im Großen und Ganzen, der einzige Unterschied liegt eben im Mindeststammkapital von 25.000 Euro, wobei hier im Gegensatz zur UG auch Sacheinlagen möglich sind und das Stammkapital vorerst nur zur Hälfte eingezahlt werden muss. Theoretisch reichen also bereits 12.500 Euro zur Gründung einer GmbH. Im Falle einer Insolvenz würde der Insolvenzverwalter allerdings den fehlenden Betrag von den Gesellschaftern einfordern.

Die UG bzw. GmbH besteht in der Regel aus zwei Organen: dem Geschäftsführer und der Gesellschafterversammlung. Während der bzw. die Geschäftsführer die GmbH nach außen vertreten, stellt die Gesellschafterversammlung den Jahresabschluss fest und hat die Befugnis, über die Verwendung des Jahresergebnisses zu entscheiden. Bei einer Einpersonen-GmbH stellt der Geschäftsführer gleichzeitig auch die Gesellschafterversammlung dar. Ferner ist die Bildung eines Aufsichtsrats verpflichtend, wenn die GmbH mindestens 500 Mitarbeiter beschäftigt. Seine Aufgabe besteht dann in der Überwachung der Geschäftsführung.

Da Sie nun wissen, was eine KG und eine GmbH ist, soll an dieser Stelle kurz auf eine Mischform dieser beiden Rechtsformen eingegangen werden: Die GmbH & Co. KG. Ein Vorteil gegenüber einer normalen KG besteht darin, dass der mit seinem Privatvermögen haftende Komplementär in diesem Fall eine GmbH ist – auf diese Weise ist die Haftung des Komplementärs also auf dessen Gesellschaftsvermögen beschränkt. Die Gesellschafter der Komplementär-GmbH können auch gleichzeitig als Kommanditisten der KG agieren.

Sofern nicht das nötige Kapital vorhanden ist, besteht analog dazu auch die Möglichkeit, eine UG (haftungsbeschränkt) & Co. KG zu gründen.

AG

Eine Aktiengesellschaft ist für Gründer eher weniger geeignet, da hier aufwendige formelle Anforderungen sowie ein hohes Startkapital gefragt sind. Der Vollständigkeit halber sollen zumindest die wesentlichen Eigenschaften einer AG kurz Erwähnung finden:

Eine AG besteht aus einem Vorstand, einem Aufsichtsrat und der Hauptversammlung (den Aktionären). Der Vorstand, bestehend aus einer oder mehreren Personen, führt die AG und wird vom Aufsichtsrat, der aus mindestens drei Mitglieder bestehen muss, bestellt und kontrolliert. Die Hauptversammlung agiert schließlich als Beschlussorgan und entscheidet etwa über die Gewinnverwendung und darüber, wer Aufsichtsratsmitglied wird. Eine AG muss mindestens 5 Prozent ihres Gewinns in eine Gewinnrücklage einstellen, darf ihren Jahresüberschuss also ebenfalls nicht gänzlich an die Aktionäre ausschütten. Das gilt solange, bis die Summe dieser gesetzlichen Rücklage zusammen mit der ggf. vorhandenen Kapitalrücklage 10 Prozent des Grundkapitals erreicht.

Das Grundkapital ist von den Aktionären – so werden die Gesellschafter einer AG genannt – aufzubringen und muss mindestens 50.000 Euro betragen. Die Haftung ist auf das Gesellschaftsvermögen beschränkt.

Alle Rechtsformen unterliegen unterschiedlichen Anforderungen hinsichtlich der Besteuerungs- und Buchführungsverfahren. Zudem bestimmt sich aus der Rechtsform beispielsweise, welche sonstigen Beiträge verpflichtend anfallen. Diese Aspekte werden in den Kapiteln ››Anmeldungen‹‹ und ››Steuern‹‹ noch ausführlich behandelt.

DER UNTERNEHMENSNAME

Der Name ist die Visitenkarte Ihres Unternehmens. Er repräsentiert es und entscheidet nicht selten darüber, ob sich potenzielle Kunden näher mit Ihrem Angebot beschäftigen. Entsprechend sollte er klangvoll sein und möglichst einen Hinweis auf Ihren Unternehmensgegenstand liefern.

Den richtigen Unternehmensnamen zu finden, stellt für viele Gründer eine Herausforderung dar, nicht zuletzt, weil man hier aus rechtlicher Sicht nicht gänzlich freie Wahl hat.

Grundsätzlich gilt, dass mit dem Unternehmensnamen keine falschen Tatsachen vorgetäuscht werden dürfen. So ist es beispielsweise einem kleinen Unternehmen, das Schmuck in geringen Mengen herstellt, untersagt, eine Bezeichnung wie *Fabrik* oder *Werk* zu nutzen, da somit ein falscher Eindruck über die Größenordnung des Unternehmens entstehen könnte. Zudem sollten Sie darauf achten, dass sich der Name ausreichend von jenem bereits bestehender Unternehmen unterscheidet. In beiden Fällen kann das Handelsregister die Eintragung ablehnen, wodurch für Sie zusätzliche Kosten entstehen, wenn Sie beispielsweise den Gesellschaftsvertrag ändern müssen oder ein neuer Notartermin für die Handelsregistereintragung mit dem „richtigen“ Namen vonnöten ist. Bezüglich des Unternehmensnamens können Sie vorab bei der zuständigen IHK prüfen lassen, ob dieser verfügbar ist.

Hinsichtlich der Gestaltung des Unternehmensnamens – rechtlich als Firma bezeichnet – haben im Handelsregister gelistete Unternehmen mehr Spielraum. Möglich ist eine Personenfirma, eine Sachfirma, eine Fantasiefirma und eine Mischform aus diesen. Während eine Personenfirma den bzw. die Inhaber des Unternehmens enthält, beispielsweise *Max Mustermann e.K.*, beinhaltet eine Sachfirma die Branche oder den Gegenstand des Unternehmens, zum Beispiel *Schmuckhandel GmbH*. Bei der Fantasiefirma sind Ihrer Kreativität keine Grenzen gesetzt, sofern sich der Name aussprechen lässt, etwa *Klunkerparadies OHG* oder *S&R AG*. Eine

Mischfirma könnte *Mustermann Schmuckparadies KG* lauten.

Sie sehen, dass bei im Handelsregister eingetragenen Unternehmen der Name stets mit dem Rechtsform-Kürzel enden muss.

Unternehmen ohne Handelsregistereintrag dürfen keine Sach- oder Fantasienamen nutzen, ohne dass dabei ihr Name mit aufgeführt wird. Für ein Einzelunternehmen könnte der Unternehmensname beispielsweise *Schmuckhandel Max Mustermann* lauten.

Anmeldungen

Am Anfang einer Unternehmensgründung stehen immer mehr oder weniger aufwendige Anmeldungsformalitäten an. Während die Gewerbeanmeldung relativ schnell vonstattengeht und für die eventuelle Eintragung ins Handelsregister lediglich ein Notartermin notwendig ist, gestaltet sich das Ausfüllen des Fragebogens zur steuerlichen Erfassung schon schwieriger. In diesem Kapitel erfahren Sie, welche Anmeldungen wann verpflichtend sind und was Sie dabei beachten müssen.

EINTRAGUNG INS HANDELSREGISTER

Das Handelsregister ist ein Verzeichnis, in dem sämtliche Kaufleute gelistet sind. Dabei sind die Amtsgerichte für alle Angelegenheiten, wie Eintragungen, Änderungen u. Ä., zuständig. Das Handelsregister wird öffentlich geführt, das bedeutet, dass das Register von jeder Person kostenlos eingesehen werden kann. Während Sie als Unternehmer mit einem Handelsregistereintrag unter anderem Ihre Seriosität unterstreichen, können sich andere Personen und Unternehmen durch diesen erste Informationen über Ihr Unternehmen einholen. Dies ist beispielsweise für die Suche nach geeigneten Kooperationspartnern nützlich.

Das Handelsregister ist in die Abteilungen A und B eingeteilt. Während in Abteilung A Einzelunternehmen bzw. eingetragene Kaufleute sowie Personengesellschaften geführt werden, beinhaltet Abteilung B alle Kapitalgesellschaften.

Sie wissen bereits, dass die Handelsregistereintragung ausschließlich über einen Notar möglich ist. Er überprüft alle Angaben und leitet den Antrag an das zuständige Amtsgericht weiter. Je nachdem, welche Rechtsform Ihr Unternehmen tragen soll und ob Sie mit anderen Personen gründen, sind unterschiedliche Angaben zu machen. Die wesentlichen Angaben beinhalten die Rechtsform, den Sitz sowie den Gegenstand des Unternehmens. Während bei eingetragenen Einzelunternehmen Angaben über den Inhaber zu machen sind, müssen bei Personengesellschaften sämtliche Gesellschafter sowie Vertreter aufgeführt werden. Bei Gründung einer KG ist zusätzlich die Höhe der Kommanditeinlage anzugeben.

Bei den Kapitalgesellschaften müssen zusätzlich Angaben über das Stamm- bzw. Grundkapital und die Vertretung der Gesellschaft durch Geschäftsführer bzw. Vorstand gemacht werden. Außerdem wird eine Liste der Gesellschafter beim Handelsregister hinterlegt.

GEWERBEANMELDUNG

Das Gesetz schreibt vor, dass jede Person, die ein Gewerbe betreiben möchte, dies der jeweils zuständigen Behörde – dem ortsansässigen Gewerbeamt – anzuzeigen hat.

Obwohl die Gewerbeanmeldung auch vor der Handelsregistereintragung erfolgen kann, ist zu empfehlen, diese erst im Anschluss durchzuführen, da Sie dann unmittelbar einen Handelsregisterauszug mit einreichen können. Sofern Sie eine Personengesellschaft gründen, muss jeder Gesellschafter eine eigene Gewerbeanmeldung einreichen.

Anders als den Handelsregistereintrag können Sie die Gewerbeanmeldung selbst in Form eines Formulars vornehmen, welches Sie auf der Webseite des zuständigen Gewerbeamts herunterladen können. Zunächst machen Sie dabei Angaben zu Ihrer Person, um im Anschluss alle wichtigen Daten Ihres Unternehmens einzutragen. Dazu gehört neben der Unternehmensanschrift auch der Unternehmensgegenstand. Sofern Sie eine Personen- oder Kapitalgesellschaft gründen, sind dabei auch Angaben zu den vertretungsberechtigten Personen zu machen.

Weiterhin müssen Sie angeben, ob die Tätigkeit (zunächst) als Nebengewerbe ausgeführt wird, wann Sie mit der Tätigkeit begonnen haben und welche Art von Unternehmen Sie anmelden – sofern die Auswahlmöglichkeiten *Industrie*, *Handwerk* und *Handel* nicht zutreffen, wählen Sie hier *Sonstiges*.

Sofern Sie bereits Mitarbeiter beschäftigen, müssen Sie auch die entsprechende Anzahl eintragen.

Im Anschluss kreuzen Sie den Grund der Gewerbeanmeldung an, der in Ihrem Fall höchstwahrscheinlich *Neugründung* lautet, und, für welche Betriebsstätte Ihre Anmeldung erfolgt – diese ist am Anfang die *Hauptniederlassung*.

Falls Ihr Unternehmen unter die Gruppe der erlaubnispflichtigen Gewerbe fällt, möchte das Gewerbeamt zuletzt noch von Ihnen wissen, ob eine Erlaubnis vorliegt. Gleiches gilt für Handwerksbetriebe zwecks Eintragung in die Handwerksrolle sowie für Aufenthaltsgenehmigungen bei Ausländern.

Sofern Sie Ihr Unternehmen ins Handelsregister eintragen lassen haben, ist zudem der Name inklusive Rechtsform sowie Nummer und Ort des Registereintrags im oberen Bereich des Formulars anzugeben.

FRAGEBOGEN ZUR STEUERLICHEN ERFASSUNG

Eine der größten Herausforderungen für Gründer ist das Ausfüllen des steuerlichen Erfassungsbogens. Wurde dieser bisher nach der Gewerbeanmeldung automatisch vom Finanzamt per Post zugeschickt, sind Sie als Unternehmer seit dem 01.01.2021 dazu verpflichtet, ihn innerhalb eines Monats nach der Anmeldung beim Gewerbeamt elektronisch an das Finanzamt zu übermitteln.

Der Zweck dieses Fragebogens ist, wie der Name bereits verrät, die steuerliche Erfassung Ihres Unternehmens. Sie müssen Ihre neue Tätigkeit beim Finanzamt registrieren, damit dieses Ihnen eine neue Steuernummer zuweist, ohne welche Sie geschäftlich nicht handlungsfähig sind. Dabei spielt es keine Rolle, ob Ihnen im Rahmen Ihrer Eigenschaft als Arbeitnehmer bereits eine Steuernummer vom Finanzamt mitgeteilt wurde, diese wird mit Erteilung der neuen ungültig. Fortan werden Sie unter der neuen Steuernummer geführt, welche Ihre Unternehmereigenschaft berücksichtigt.

Welche Angaben Sie im steuerlichen Erfassungsbogen machen müssen, hängt davon ab, welche Rechtsform Ihr Unternehmen trägt. Darauf basierend wählen Sie den für Sie zutreffenden Fragebogen. Für Einzelunternehmen und für die Beteiligung an einer Personengesellschaft wird der gleiche Bogen genutzt. Daneben gibt es ein separates Formular sowohl für die Gründung einer Personengesellschaft als auch für jene einer Kapitalgesellschaft.

Bei allen Rechtsformen sind sowohl persönliche Angaben als auch Angaben zum Unternehmen zu machen. Während zu den persönlichen Angaben beispielsweise Ihre Wohnanschrift und Ihre persönlichen Verhältnisse zählen, geht es bei den Angaben zum Unternehmen unter anderem um die Firmierung, die Rechtsform, den Unternehmensgegenstand, den gegebenenfalls vorliegenden Handelsregistereintrag und die Unternehmensanschrift. Gründen Sie eine Gesellschaft, sind zudem je nach Rechtsform unter anderem Angaben zur Geschäftsführung, zum Stamm- bzw. Grundkapital und zu Anteilseignern zu machen. All diese Angaben dienen dazu, das Finanzamt über das jeweilige Unternehmen zu informieren.

Den Kern jedes steuerlichen Erfassungsbogens bilden schließlich die Angaben zur Festsetzung von Vorauszahlungen, zur Gewinnermittlungsart, zur Lohnsteuer und zur Umsatzsteuer. Diese Abschnitte sind in jedem Fragebogen ähnlich gestaltet.

Zur Festsetzung von Vorauszahlungen machen Sie Angaben zu den voraussichtlichen Einkünften, und zwar sowohl im Gründungsjahr als auch im Folgejahr. Bei Einzelunternehmern sowie bei Beteiligten von Personengesellschaften ermittelt das Finanzamt aus diesen Angaben die Vorauszahlungen für die Einkommensteuer, daher ist zu empfehlen, Ihre Schätzungen lieber etwas niedriger anzusetzen. Bei Kapitalgesellschaften fällt statt der Einkommensteuer entsprechend die Körperschaftsteuer an (mehr dazu im Kapitel ››Steuern‹‹).

Gründen Sie ein Einzelunternehmen oder beteiligen Sie sich an einer Personengesellschaft, müssen Sie hier sämtliche zu erwartende Einkünfte angeben, sowohl aus Ihrem Gewerbebetrieb bzw. Ihrer selbstständigen Tätigkeit als auch, wenn zutreffend, aus Ihrer nichtselbstständigen Tätigkeit. Hierfür sieht der Erfassungsbogen verschiedene Zeilen vor.

Bei Gründung einer Personengesellschaft schätzen Sie an dieser Stelle lediglich die Höhe Ihrer Gewinnanteile sowie mögliche Sonderbetriebseinnahmen und -ausgaben. Bei Kapitalgesellschaften geht es hingegen im Wesentlichen um die Schätzung des Jahresüberschusses, des zu versteuernden Einkommens sowie des Gewerbeertrags.

Bei der Art der Gewinnermittlung geht es darum, wie Sie Bücher führen. Unterschieden wird hier zwischen der Einnahmenüberschussrechnung (EÜR) und der Bilanzierung. Einzelunternehmen, Beteiligte bzw. Gründer einer Personengesellschaft müssen an dieser Stelle lediglich ein Kreuz setzen, die Entscheidung sollte jedoch wohl überlegt sein, da es hinsichtlich des buchhalterischen Aufwands einen enormen Unterschied macht. Die meisten Gewerbebetriebe, deren Umsatz pro Jahr 600.000 Euro und deren Gewinn pro Jahr 60.000 Euro nicht übersteigt, dürfen eine EÜR und damit die einfache Buchführung anwenden. Freiberuflern steht die Buchführung mittels EÜR ohne Einschränkungen zu. Hingegen sind Kapitalgesellschaften, OHG und KG zwingend zur Bilanzierung und damit zur doppelten Buchführung verpflichtet, die EÜR kommt für sie nicht infrage. Zu den Gewinnermittlungsarten erhalten Sie im Kapitel ››Rechnungswesen‹‹ noch tiefergehende Informationen.

Sofern Sie Mitarbeiter beschäftigen, müssen Sie, unabhängig von der Rechtsform, zu diesen ebenfalls Angaben machen, da Sie dann an das Finanzamt die Lohnsteuer derer abzuführen haben.

Zuletzt gestalten sich auch die Angaben zur Umsatzsteuer für alle Rechtsformen gleich. Sie müssen dabei schätzen, wie hoch der Gesamtumsatz im Gründungsjahr sowie jener im Folgejahr ausfällt. Sie haben hier unter bestimmten Voraussetzungen die Möglichkeit, von der Kleinunternehmer-Regelung Gebrauch zu machen, welche Sie von der Umsatzsteuerpflicht befreit. Welche Voraussetzungen dafür im Einzelnen erfüllt werden müssen, erfahren Sie im Kapitel ››Steuern‹‹.

IHK

In Deutschland gibt es insgesamt 79 Industrie- und Handelskammern, die sich in ihren jeweils zuständigen Regionen für die Wirtschaft einsetzen – sei es die Verbesserung der regionalen Infrastruktur, die Vermeidung der Erhöhung von Gemeindeabgaben, aber auch die Ausbildungsvollendung junger Menschen. Sie als Unternehmer können von Ihrer ortsansässigen IHK unter anderem von umfassenden Beratungsangeboten profitieren, von Existenzgründung über Steuern und Recht bis hin zu Marketing.

Grundsätzlich ist jedes Unternehmen, welches Handel betreibt, Pflichtmitglied der IHK. Daraus ergibt sich in der Folge auch die Verpflichtung, jährlich einen gewissen Mitgliedsbeitrag zu entrichten. Diese Einnahmen nutzt die IHK vorrangig dazu, bestmöglich die wirtschaftlichen Interessen der jeweils ansässigen Unternehmen zu vertreten und sich für diese einzusetzen.

Alle Unternehmen, die im Handelsregister gelistet sind, sind beitragspflichtig. Dies gilt auch für Gewerbetreibende ohne Handelsregistereintrag, sofern ihr Ertrag 5.200 Euro pro Jahr überschreitet. Gründer wie Sie sind in den ersten beiden Jahren nach der Gründung vom IHK-Beitrag befreit, wenn Sie keinen Handelsregistereintrag haben und Ihr Ertrag weniger als 25.000 Euro pro Jahr beträgt.

Die Höhe des Mitgliedsbeitrags bestimmt sich in erster Linie aus dem Gewinn des jeweiligen Unternehmens, wobei es auch regionale Unterschiede geben kann.

Eine separate Anmeldung bei der IHK ist nicht nötig. Dies geschieht bei der Gewerbeanmeldung, da das Gewerbeamt Ihre Anzeige an die zuständige IHK weiterleitet. Sie bekommen also nach einigen Wochen automatisch Post von der für Sie zuständigen IHK.

BETRIEBSNUMMER BEANTRAGEN

Wenn Sie in Ihrem Unternehmen Mitarbeiter beschäftigen möchten, brauchen Sie eine Betriebsnummer. Diese ist notwendig, damit Sie als Arbeitgeber von den Sozialversicherungsträgern als solcher identifiziert werden können. Nur so können die Meldungen an die Kranken-, Renten- und Arbeitslosenversicherung erfolgen.

Eine Betriebsnummer benötigen Sie nicht nur für Vollzeitbeschäftigte, sondern auch, wenn Sie lediglich Mini- oder Teilzeitjobber in Ihrem Unternehmen beschäftigen.

Anders als im Fall der IHK verläuft die Vergabe einer Betriebsnummer nicht automatisch nach Anzeige eines Gewerbes. Sie müssen diese in elektronischer Form bei der Bundesagentur für Arbeit beantragen.

BERUFSGENOSSENSCHAFT

Auch bei der für Ihre Branche zuständigen Berufsgenossenschaft (BG) müssen Sie sich selbstständig anmelden, wenn Sie Mitarbeiter beschäftigen. Bei der BG handelt es sich um einen gesetzlichen Unfallversicherungsträger. Sie als Arbeitgeber müssen Ihr Unternehmen bei der BG anmelden, damit Ihre Angestellten bei Arbeitsunfällen o. Ä. versichert sind und in diesen Fällen Anspruch auf Leistungen aus der Unfallversicherung haben. Hierzu zählen nicht nur Arbeitnehmer im Vollzeitbeschäftigungsverhältnis, sondern auch geringfügig Beschäftigte sowie Aushilfen.

Je nachdem, welcher Branche Ihr Unternehmen angehört, kann die gesetzliche Unfallversicherung auch für Sie als Unternehmer greifen. Dies ist insbesondere bei der Textil- und Bekleidungsbranche sowie bei der Druck- und Papierverarbeitungsbranche der Fall. Für Unternehmer anderer Branchen besteht die Möglichkeit, sich freiwillig versichern zu lassen.

Die Beiträge an die BG bestimmen sich in ihrer Höhe unter anderem aus den Bruttoentgelten der Mitarbeiter und dem branchenspezifischen Gefahrentarif.

Rechnungswesen

Als Unternehmer gehört es zu Ihren Pflichten, ein ordnungsgemäßes Rechnungswesen zu betreiben. Dabei handelt es sich im Wesentlichen um die Dokumentation und Überwachung aller Geschäftsabläufe – aus betriebswirtschaftlicher Sicht also aller Geld- und Leistungsströme.

Damit solche Geschäftsabläufe überhaupt zustande kommen, wird für Sie als Unternehmer das Schreiben von Rechnungen zu Ihren täglichen Aufgaben gehören. Diese Rechnungen stellen die Ausgangsbelege dar, aus welchen sich für Sie Forderungen an Kunden ergeben. Analog dazu werden Sie auch Eingangsbelege erhalten, also Rechnungen für Dinge, die Sie für Ihr Unternehmen kaufen. Daraus entstehen für Sie Verbindlichkeiten.

Diese Eingangs- und Ausgangsbelege bilden schließlich die Grundlage für die Dokumentation der Geschäftsabläufe und somit für die Buchführung.

Damit Sie für den Aufgabenbereich des Rechnungswesens gewappnet sind, erfahren Sie in diesem Kapitel zunächst, wie eine gesetzeskonforme Rechnung aufgebaut ist. Im Anschluss erlernen Sie dann die Grundlagen sowohl der einfachen als auch der doppelten Buchführung, um sich danach mit einigen wichtigen Kennzahlen zu beschäftigen, die Ihnen stets Auskunft über den aktuellen Zustand Ihres Unternehmens geben.

RECHNUNGEN SCHREIBEN

Rechnungen unterliegen einigen Regelungen, die sich je nach Rechtsform und Umsatzsteuerpflicht etwas voneinander unterscheiden können. Angaben, die unabhängig von der Rechtsform immer auf eine Rechnung gehören, sind der Name und die Anschrift des Rechnungsempfängers, das Rechnungs-, Liefer- bzw. Leistungsdatum, eine fortlaufende und eindeutige Rechnungsnummer, der Liefer- oder Leistungsgegenstand inklusive Menge bzw. Umfang sowie das Zahlungsziel. Zudem gehört natürlich Ihre Bankverbindung auf jede Rechnung.

Beim Ausweis des Zahlungsbetrags kommt es darauf an, ob Sie Umsatzsteuer erheben. Ist dies nicht der Fall, weisen Sie den Rechnungsbetrag aus und führen darunter einen Hinweis an, warum Sie keine Umsatzsteuer ausweisen, beispielsweise ein Verweis auf die Kleinunternehmer-Regelung. Sind Sie umsatzsteuerpflichtig, listen Sie sowohl den Netto- als auch den Bruttobetrag auf, wobei Sie ebenfalls den Steuersatz sowie den sich daraus ergebenden Steuerbetrag ausweisen.

Aus der Umsatzsteuerpflicht ergibt sich ebenfalls, dass Sie Ihre vom Finanzamt für die Umsatzsteuer erteilte Steuernummer, oder, sofern vorhanden, Ihre Umsatzsteuer-Identifikationsnummer (diese benötigen Sie nur, wenn Sie internationale Kunden bzw. Lieferanten haben) auf Ihren Rechnungen angeben müssen.

Unterschiede gibt es nun in Bezug auf die Unternehmensangaben. Prinzipiell sind der vollständige Name sowie die Anschrift des Unternehmens anzugeben.

Bei Unternehmen, die nicht im Handelsregister geführt werden, ist die Angabe des Vor- und Nachnamens des Inhabers verpflichtend. Bei der GbR gilt, dass die Vor- und Nachnamen aller Gesellschafter auf die Rechnung zu schreiben sind.

Im Handelsregister eingetragene Unternehmen – e.K., OHG, KG, UG, GmbH und AG – müssen, neben dem vollständigen Namen und der Anschrift, das zuständige Registergericht sowie ihre Handelsregisternummer angeben.

UG und GmbH haben sämtliche Geschäftsführer jeweils mit Vor- und Nachnamen aufzuführen. Gleiches gilt für den Vorsitzenden des gegebenenfalls gebildeten Aufsichtsrats.

Der letzte Punkt gilt gleichermaßen für eine AG. Bei dieser Rechtsform sind daneben noch alle Vorstandsmitglieder mit den jeweiligen Vor- und Nachnamen zu nennen, wobei der Vorsitzende des Vorstands erkenntlich zu machen ist.

BUCHFÜHRUNG

Die Buchführung stellt den Teil des Rechnungswesens dar, im Rahmen dessen der Gewinn des Unternehmens anhand der kontinuierlichen Dokumentationen der Geschäftsvorfälle ermittelt wird – Sie erinnern sich an den Abschnitt über die Art der Gewinnermittlung im Fragenbogen zur steuerlichen Erfassung: Es gibt die Einnahmenüberschussrechnung (EÜR) und die Bilanzierung. Während letztere als doppelte Buchführung bezeichnet wird, gilt die EÜR als einfache Buchführung.

Einfache Buchführung: Die EÜR

Es ist bereits angeklungen, dass Unternehmen mit einem Umsatz unter 600.000 Euro und einem Gewinn unter 60.000 Euro pro Jahr die Möglichkeit zur einfachen Buchführung haben – mit Ausnahme der im Handelsregister eingetragenen Unternehmen. Diese sind, abgesehen vom eingetragenen Kaufmann, immer zur doppelten Buchführung verpflichtet.

Die einfache Buchführung bzw. EÜR ist, wie der Name eigentlich schon verrät, relativ unkompliziert durchzuführen. Um den Gewinn zu ermitteln, werden die Betriebsausgaben von den Betriebseinnahmen abgezogen. Wenn Sie kontinuierlich alle Geschäftsvorfälle dokumentieren, müssen Sie in der jährlichen Steuererklärung, vereinfacht erklärt, lediglich alle Einnahmen und alle Ausgaben – sofern es sich dabei nicht um Kaufpreise von

Gegenständen handelt, die über ihre Nutzungsdauer abgeschrieben werden müssen – summieren und diese in der entsprechenden Anlage EÜR eintragen. Besonders einfach funktioniert dies mit einer Buchhaltungssoftware: Hier können Sie eingehende und ausgehende Belege digital erfassen und entsprechend kategorisieren bzw. verbuchen. Meist beinhaltet eine solche Software auch eine Funktion, mit der Sie auf der Basis Ihrer Erfassungen automatisch eine EÜR für Ihre Steuererklärung generieren können.

Sofern Sie umsatzsteuerpflichtig sind, ist es wichtig, dass Sie die Nettoeinnahmen von den Umsatzsteuer-Einnahmen trennen und gesondert ausweisen. Die EÜR sieht hierfür separate Zeilen vor. Gleiches gilt für die Betriebsausgaben, wobei Sie die Nettoausgaben und die von Ihnen im Rahmen von Eingangsbelegen gezahlten Umsatzsteuer-Beträge separat ausweisen. Diese Beträge können Sie sich als Vorsteuer vom Finanzamt zurückholen, wie Sie im nächsten Kapitel noch erfahren werden.

Mit der Verrechnung der Betriebseinnahmen und -ausgaben ergibt sich schließlich der steuerpflichtige Gewinn oder Verlust. Einzelunternehmer müssen daneben noch Angaben zu durchgeführten Privateinlagen und -entnahmen machen.

Doppelte Buchführung: Bilanz und GuV

Kapitalgesellschaften, im Handelsregister eingetragene Personengesellschaften sowie Einzelunternehmen, die die genannten Umsatz- und Gewinngrenzen überschreiten, sind zur doppelten Buchführung verpflichtet. Statt der EÜR gilt es hierbei, einen Jahresabschluss zu erstellen. Dazu gehört zum einen die Aufstellung der Bilanz, zum anderen die Erstellung der Gewinn- und Verlustrechnung (GuV). Während die Bilanz einen Überblick über das Unternehmensvermögen gibt, wird mit der GuV der Gewinn oder Verlust des Unternehmens abgebildet.

In der Bilanz werden die Werte aller Vermögensgegenstände des Unternehmens und das im Unternehmen befindliche Kapital gegenübergestellt. Die Werte der Vermögensgegenstände werden auf der linken Seite der Bilanz erfasst und als Aktiva bezeichnet. Zu den Aktiva zählt unter anderem das Anlagenvermögen, wozu alle Vermögensgegenstände gehören, die langfristig im Unternehmen verbleiben. Dies sind beispielsweise Sachanlagen, wie z. B. Maschinen und Fahrzeuge. Daneben gehört auch das Umlaufvermögen zu den Aktiva, welches Vermögensgegenstände beinhaltet, die kurzfristig verfügbar sind. Beispiele hierfür sind Warenvorräte, Forderungen oder auch das Bankguthaben. Das Kapital wird auf der rechten Seite der Bilanz aufgeführt und als Passiva bezeichnet. Zu den Passiva gehören unter anderem das Eigenkapital und die Verbindlichkeiten.

Für jeden Posten der Bilanz gibt es ein entsprechendes Konto, das eine Soll- und eine Habenseite aufweist. Diese bezeichnet man als Bestandskonten, die sich entsprechend der Seite, auf der Sie in der Bilanz aufgeführt werden, in Aktiv- und Passivkonten untergliedern.

Das bedeutendste Konto ist dabei das Eigenkapital-Konto, nicht zuletzt, weil es die GuV als Unterkonto aufweist. Die GuV bildet auf der Sollseite alle Aufwendungen ab, beispielsweise Wareneinsätze, Personal- oder Mietkosten, während sich auf der Habenseite alle Erträge befinden, zu denen unter anderem Umsatzerlöse und Zinserträge zählen. Für jeden dieser Posten gibt es wiederum entsprechende Konten, die unter dem Begriff Erfolgskonten zusammengefasst werden. Ähnlich wie bei der Bilanz gliedern sich diese entsprechend der Seite, auf der sie in der GuV abgebildet werden, in Aufwands- und Ertragskonten.

Während die Bestandskonten am Ende eines Geschäftsjahres über die Bilanz abgeschlossen werden, werden die Erfolgskonten aus Gründen der Übersichtlichkeit zunächst über die GuV abgeschlossen. Im Anschluss wird die GuV dann ebenfalls über die Bilanz abgeschlossen und hat so Einfluss auf das Eigenkapital.

Auf den Bestands- und Erfolgskonten werden im Laufe eines Geschäftsjahres sämtliche Geschäftsvorfälle verbucht. Im Gegensatz zur einfachen Buchführung, bei der Sie jeden Geschäftsvorfall entweder als Einnahme oder Ausgabe verbuchen, nutzen Sie bei der doppelten Buchführung mindestens zwei Konten, Sie verbuchen also „doppelt“. Ein weiterer Unterschied besteht darin, dass bei der doppelten Buchführung sämtliche Geschäftsvorfälle periodengerecht erfasst werden müssen. Das bedeutet, dass ein Vorfall beispielsweise nicht erst zum Zeitpunkt der eingehenden Zahlung verbucht wird, sondern bereits mit der Rechnungsstellung.

Das Prinzip der doppelten Buchführung besagt nun, dass für jeden Geschäftsfall ein Konto im Soll und ein Konto im Haben belastet werden muss. Welche Seite eines Kontos belastet wird, hängt bei Bestandskonten von der Seite der Bilanz, bei Erfolgskonten von der Seite der GuV ab, auf der Sie abgebildet sind. Daraus ergibt sich, dass sämtliche Zugänge auf Aktiv- und Aufwandskonten im Soll belastet werden müssen, auf Passiv- und Erfolgskonten dagegen im Haben. Bei Abgängen verhält es sich entsprechend umgekehrt.

Ein Beispiel: Sie verkaufen Waren im Wert von 1.000 Euro auf Rechnung. Nun verbuchen Sie nicht die Einnahme, sobald diese eintrifft. Stattdessen verbuchen Sie den Geschäftsvorfall als Forderung, die Sie gegenüber dem Kunden beanspruchen, und als Umsatz, der mit dieser Forderung einhergeht. Es werden also die Konten *Forderungen aus Lieferungen und Leistungen* und *Umsatzerlöse* berührt. Das Konto *Forderungen aus Lieferungen und Leistungen* wird auf der Aktivseite der Bilanz abgebildet und daher im Soll belastet. Das Konto *Umsatzerlöse* wird auf der Habenseite der GuV abgebildet und daher entsprechend im Haben belastet. Sofern Sie umsatzsteuerpflichtig sind, müssen Sie im Übrigen noch ein weiteres Konto belasten. Während die Buchung auf dem Forderungen-Konto gleich bleibt, müssen Sie die Umsatzsteuer und den Nettobetrag der Umsatzerlöse separat auf verschiedenen Konten erfassen.

Sie sehen, die doppelte Buchführung gestaltet sich äußerst kompliziert, auch wenn spezielle Kontenverzeichnisse, sogenannte Kontenrahmen, hier als Hilfsmittel dienen. Daher sollten Sie sich als Anfänger zunächst an einen Steuerberater wenden.

Wichtige Kennzahlen

Die Bilanz selbst hat wenig Aussagekraft, sie zeigt lediglich die Vermögensverhältnisse eines Unternehmens zu einem bestimmten Zeitpunkt an. Um verlässliche und vor allem auch langfristigere Aussagen über die Entwicklung eines Unternehmens zu treffen, werden sogenannte Kennzahlen herangezogen. Je nachdem, welchen Aspekt man analysieren möchte, werden dabei bestimmte Posten der Bilanz ins Verhältnis zueinander gesetzt, um eine aussagekräftige Zahl zu erhalten, die als Grundlage für unternehmerische Entscheidungen dient.

Die erste Kennzahl ist die **Umsatzrentabilität**. Damit können Sie herausfinden, wie viel Gewinn Ihnen aus dem Umsatz tatsächlich zuteilwird. Sie berechnet sich aus dem Verhältnis zwischen Gewinn und Umsatz. Wird diese Zahl mit 100 multipliziert, erhalten Sie den prozentualen Gewinnanteil pro Euro Umsatz. Je höher der Prozentsatz der Umsatzsteuerrentabilität ist, desto höher ist auch der Gewinn.

Auch die **Eigenkapitalrentabilität** kann interessant sein, wenn Sie wissen möchten, wie erfolgreich Ihr Unternehmen tatsächlich arbeitet. Sie lässt sich aus dem Verhältnis von Jahresüberschuss und Eigenkapital ermitteln. Multipliziert man diese Zahl wieder mit 100, ergibt sich die prozentuale Vermehrung des Unternehmenskapitals. Je höher diese ist, desto effizienter arbeitet Ihr Unternehmen. Ist die Eigenkapitalrentabilität allerdings überdurchschnittlich hoch, herrscht möglicherweise eine geringe Eigenkapitalquote vor, was uns zur nächsten Kennzahl bringt.

Die **Eigenkapitalquote** gibt an, wie hoch der prozentuale Anteil des Eigenkapitals am Gesamtkapital des Unternehmens ist. Sie ergibt sich aus dem Verhältnis zwischen Eigenkapital und Gesamtkapital, auch hier mit 100 multipliziert. Je höher die Eigenkapitalquote ist, desto höher ist die finanzielle Stabilität des Unternehmens und desto geringer der Verschuldungsgrad. Analog dazu kann mit der **Fremdkapitalquote** bestimmt werden, wie hoch der Anteil des Fremdkapitals am Gesamtkapital ist.

Der **Verschuldungsgrad** berechnet sich aus dem Verhältnis zwischen Fremdkapital und Eigenkapital, multipliziert mit 100. Je niedriger der Verschuldungsgrad ist, desto unabhängiger ist das Unternehmen von Gläubigern bzw. Fremdkapitalgebern und desto niedriger ist auch das Unternehmensrisiko.

Auch einen Blick auf die **Liquidität** zu werfen ist sinnvoll, denn sie zeigt die Zahlungsfähigkeit Ihres Unternehmens auf. Hier werden grundsätzlich die flüssigen Mittel wie Kassenbestand und Bankguthaben mit den kurzfristigen Verbindlichkeiten, die Sie zu zahlen haben, ins Verhältnis gesetzt. Je nachdem, wie aussagekräftig die Kennzahl sein soll, werden den flüssigen Mitteln noch kurzfristige Forderungen bzw. der Wert des Umlaufvermögens hinzuaddiert. Je höher der sich daraus ergebende Wert ist, desto zahlungsfähiger ist Ihr Unternehmen.

Steuern

Mit welchen Steuern Ihr Unternehmen belastet wird, bestimmt sich zum einen aus dem Umsatz und zum anderen aus der Rechtsform. Grundsätzlich spielen für Unternehmer die Umsatzsteuer, die Einkommensteuer bzw. Körperschaftsteuer und die Gewerbesteuer eine Rolle. Wann für Ihr Unternehmen welche Steuer erhoben wird und wie sich die einzelnen Steuerarten zusammensetzen, erfahren Sie in diesem Kapitel.

UMSATZSTEUER

Beim Verkauf von Waren und Dienstleistungen fällt in der Regel neben dem Verkaufspreis die Umsatzsteuer an. Sie wird auf Rechnungen stets unter dem Nettowert des Verkaufsobjekts ausgewiesen. Umgangssprachlich wird sie auch als Mehrwertsteuer bezeichnet. In Deutschland beträgt der Umsatzsteuersatz derzeit in den meisten Fällen 19 % des Nettoverkaufswerts. Auf bestimmte Produkte und Dienstleistungen wird der ermäßigte Umsatzsteuersatz von 7 % erhoben. Zu diesen zählen beispielsweise Bücher, die meisten Lebensmittel und Zugfahrkarten. Eine vollständige Liste der Produkte und Dienstleistungen, die unter den ermäßigten Steuersatz fallen, finden Sie in § 12 und in Anlage 2 des Umsatzsteuergesetzes (UStG).

Manches ist gänzlich von der Umsatzsteuer befreit, wie zum Beispiel die langfristige Vermietung von Wohnraum. Dies ist in § 4 des UStG aufgeführt.

Für Sie als Unternehmer stellt sich die Frage, wann Sie verpflichtet sind, in Ihren Rechnungen Umsatzsteuer auszuweisen. Dies hängt von Ihrem jährlichen Umsatz ab, unabhängig von der Rechtsform. Wenn Ihr geschätzter, auf das Jahr hochgerechnete Umsatz im Gründungsjahr unter 22.000 Euro liegt und der Umsatz im Folgejahr 50.000 Euro voraussichtlich nicht übersteigen wird, können Sie Gebrauch von der Kleinunternehmer-Regelung machen. Diese Regelung befreit Sie von der Umsatzsteuerpflicht.

Doch auch, wenn Sie die Umsatzgrenzen nicht überschreiten, kann es sich lohnen, auf die Kleinunternehmer-Regelung zu verzichten und entsprechend eine freiwillige Umsatzsteuerpflicht einzugehen: Die Umsatzsteuer muss für Sie nicht nur eine Ausgabe darstellen, es besteht die Möglichkeit, sich die Umsatzsteuer, die Sie selbst auf bezogene Waren und Dienstleistungen zahlen, zurückzuholen. Betrachten wir zunächst einmal die Regelungen der Umsatzsteuer:

Als umsatzsteuerpflichtiger Unternehmer müssen Sie von Ihren Kunden neben dem Nettobetrag die Umsatzsteuer einnehmen. Diese behalten Sie nicht für sich, sondern Sie führen sämtliche Umsatzsteuerbeträge in bestimmten zeitlichen Abständen an das Finanzamt ab. Mit Ihrem Unternehmen werden Sie jedoch nicht nur Rechnungen ausstellen und entsprechend Erlöse erhalten, Sie müssen sicherlich auch die eine oder andere Anschaffung tätigen, beispielsweise Maschinen oder Büromobiliar. Hierfür weisen die Unternehmen, von denen Sie kaufen, auf ihren Rechnungen ebenfalls Umsatzsteuer aus, die Sie neben dem Verkaufspreis zahlen müssen. Aus Ihrer Sicht stellt diese Umsatzsteuer dann die Vorsteuer dar, die Sie mit den von Ihnen abzuführenden Umsatzsteuer-Beträgen verrechnen und so letztere entsprechend mindern können. Ein einfaches Beispiel soll diesen Vorgang verdeutlichen: Sie stellen in einem bestimmten Zeitraum Rechnungen im Wert von 1.000 Euro netto aus. Gilt der Umsatzsteuersatz von 19 Prozent, erhalten Sie von Ihren Kunden Umsatzsteuerbeträge in Höhe von 190 Euro. Im gleichen Zug kaufen Sie Arbeitsmittel im Wert von 1.000 Euro für Ihr Unternehmen. Hierauf zahlen Sie ebenfalls einen Umsatzsteuer-Betrag von 190 Euro an das leistende Unternehmen, welcher für Sie die Vorsteuer darstellt. Nun können Sie die 190 Euro Vorsteuer von Ihren eingenommenen 190 Euro Umsatzsteuer abziehen. Das Resultat ist die Summe, die Sie noch an das Finanzamt abführen müssen – in diesem Fall 0 Euro. Hätten Sie Anschaffungen im Wert von 1.500 Euro getätigt, ergäbe sich ein Steuerbetrag von 285 Euro. Auf diese Weise hätten Sie durch die Verrechnung von Umsatzsteuer- und Vorsteuerbetrag vom Finanzamt sogar eine Rückerstattung von 95 Euro erhalten.

Sie sehen, die Umsatzsteuer ist eine besondere Steuerform, von der Sie in manchen Fällen sogar profitieren können. Ihre Entscheidung zur Umsatzsteuerpflicht sollten Sie davon abhängig machen, wie regelmäßig Sie Arbeitsmittel o. Ä. einkaufen und welche Beträge sich dabei voraussichtlich ergeben werden. Insbesondere in den ersten Jahren als Unternehmer müssen Sie möglicherweise vermehrt Investitionen tätigen, wodurch Sie durch die Umsatzsteuerpflicht sprichwörtlich „bares Geld" sparen können. Bedenken Sie aber, dass der Verzicht auf die Kleinunternehmer-Regelung für fünf Jahre bindend ist, Sie können sich während dieses Zeitraums also nicht mehr von der Umsatzsteuer befreien lassen.

Voranmeldungen

Für die Abführung der Umsatzsteuer müssen Sie regelmäßig Umsatzsteuer-Voranmeldungen abgeben. Das Finanzamt legt in Abhängigkeit der bezahlten Umsatzsteuer im Vorjahr fest, ob Sie diese Voranmeldungen monatlich, quartalsweise oder jährlich einreichen müssen. Bei Neugründungen hängt es von den im Steuerfragebogen angegebenen geschätzten Umsätzen ab. Unabhängig von den zeitlichen Abständen gilt, dass jede Umsatzsteuer-Voranmeldung bis zum 10. des Monats, der auf den Voranmeldungs-Zeitraum folgt, einzureichen ist. Diese Frist kann jedoch um einen Monat verlängert werden.

Die Umsatzsteuer-Voranmeldung erfolgt über ein Formular. Neben den Unternehmensdaten und der Auswahl des zutreffenden Voranmeldungs-Intervalls tragen Sie zunächst die Summe Ihrer Umsätze sowie die Summe der dabei eingenommenen Umsatzsteuer getrennt voneinander ein. Sofern sich die Steuersätze für Ihre Produkte und Dienstleistungen unterscheiden, sieht das Formular eine Zeile für den Steuersatz von 19 Prozent und eine Zeile für den ermäßigten Steuersatz von 7 Prozent vor. In diesem Fall müssen Sie die Betragssummen entsprechend aufteilen.

Ein weiterer Punkt besteht aus den abziehbaren Vorsteuerbeträgen. Hier tragen Sie nicht die Nettowerte Ihrer gekauften Produkte und Dienstleistungen ein, sondern lediglich die darauf angefallene Umsatzsteuer – also die Summe aller Vorsteuerbeträge.

Zuletzt ziehen Sie die Vorsteuerbeträge von den Umsatzsteuereinnahmen ab und tragen das Ergebnis im entsprechenden Feld ein. Dieser Betrag ist die Umsatzsteuerzahllast, die Sie dem Finanzamt vorauszahlen müssen. Bei einem Minusbetrag erhalten Sie den entsprechenden Betrag vom Finanzamt erstattet.

Zusammen mit den anderen Steuererklärungen muss einmal pro Jahr noch die Umsatzsteuerjahreserklärung abgegeben werden, in dieser wird über die entsprechenden Summen des gesamten Jahres abgerechnet.

Soll- / Ist-Versteuerung

Für die korrekte Erstellung einer Umsatzsteuer-Voranmeldung ist die Art der Versteuerung ausschlaggebend. Sie entscheidet darüber, welche Einnahmen Sie dabei berücksichtigen müssen. Man unterscheidet zwischen der Ist- und der Soll-Versteuerung.

Bei der Ist-Versteuerung werden lediglich die Umsätze berücksichtigt, die tatsächlich bereits bezahlt wurden. Das bedeutet, dass Sie in der Voranmeldung nur jene Umsatzsteuer-Einnahmen aufführen, die Sie bereits erhalten haben.

Im Rahmen der Soll-Versteuerung werden hingegen auch Umsätze berücksichtigt, für die im Voranmeldezeitraum lediglich die Leistung ausgeführt wurde. Infolgedessen müssen Sie auch Umsatzsteuer, die Sie noch gar nicht erhalten haben, trotzdem an das Finanzamt abführen.

Um die Vorsteuer abziehen zu können, muss entweder die Rechnung vorliegen und die Leistung ausgeführt worden sein, oder die Rechnung vorhanden und die Zahlung geleistet worden sein. Hierbei wird nicht zwischen Soll- und Ist-Versteuerung unterschieden.

Jeder Unternehmer unterliegt automatisch der Soll-Versteuerung. Wenn Sie der Ist-Versteuerung unterliegen möchten, müssen Sie dies beim Finanzamt beantragen. Das kann direkt im Fragebogen zur steuerlichen Erfassung gemacht werden. Sofern Ihr Umsatz 600.000 Euro nicht überschreitet, Sie einen freien Beruf ausüben oder von der doppelten Buchführung befreit sind, wird das Finanzamt die Ist-Versteuerung in der Regel genehmigen.

EINKOMMENSTEUER

Jede natürliche Person, die ein Gewerbe betreibt oder eine selbstständige Tätigkeit ausübt und damit Einnahmen erzielt, muss grundsätzlich Einkommensteuer abführen. Dazu zählen neben Einzelunternehmern und Freiberuflern auch die Gesellschafter einer Personengesellschaft. Bei Arbeitnehmern, die selbstverständlich auch einkommensteuerpflichtig sind, wird die Einkommensteuer in Form der Lohnsteuer direkt vom Gehalt einbehalten und vom Arbeitgeber an das Finanzamt abgeführt.

Wie viel Einkommensteuer Sie zahlen müssen, hängt von der Höhe Ihres zu versteuernden Einkommens ab. Für die Feststellung müssen Sie jährlich eine Steuererklärung einreichen. Darin werden zunächst alle Einkünfte aufgeführt und addiert, wobei Sie nicht nur die Gewinne/Verluste aus selbstständiger Arbeit, Gewerbebetrieb und Land- und Forstwirtschaft berücksichtigen, sondern auch die Überschüsse aus nichtselbstständiger Arbeit, aus Kapitalvermögen, aus Vermietung und Verpachtung sowie „Sonstige Einkünfte", darunter fallen bspw. Rentenbezüge. Im Anschluss ziehen Sie dann Ihre Vorsorgeaufwendungen und Sonderausgaben, beispielsweise Kosten für die Krankenversicherung und Spenden ab. Nachdem Sie alle relevanten Ausgaben und etwaige Freibeträge – z. B. für Kinder – von Ihren Einkünften abgezogen haben, erhalten Sie das zu versteuernde Einkommen.

Die Höhe des zu versteuernden Einkommens bestimmt schließlich den Steuersatz, dem Sie unterliegen. Dieser ist progressiv, das heißt, er steigt mit der Höhe des zu versteuernden Einkommens. Sofern es unter dem Grundfreibetrag liegt (9.744 Euro Stand 2021), müssen Sie keine Einkommensteuer zahlen. Dies ist ein Freibetrag, der jedem Steuerpflichtigen zusteht. Sobald Ihr Einkommen darüber liegt, steigt der Steuersatz progressiv. Die entsprechenden, stufenweise höheren Steuersätze finden Sie – jeweils in aktueller Form – in § 32a des Einkommensteuergesetzes (EStG). Darüber hinaus fällt evtl. noch Solidaritätszuschlag und Kirchensteuer an.

KÖRPERSCHAFTSTEUER

Anstelle der Einkommensteuer fällt für Kapitalgesellschaften die Körperschaftsteuer an. Der Steuersatz ist hier jedoch nicht progressiv, sondern fix: Er beträgt derzeit 15 Prozent. Obwohl die Freigrenze für den Solidaritätszuschlag seit diesem Jahr (2021) bei der Einkommensteuer derart hochgesetzt wurde, sodass diese Abgabe nur noch selten abgeführt werden muss, bleiben die Körperschaftsteuer und damit Kapitalgesellschaften davon unberührt. Auf den Betrag der Körperschaftsteuer werden somit noch 5,5 Prozent Solidaritätszuschlag erhoben. Insgesamt lässt sich also sagen, dass die Körperschaftsteuer inklusive Solidaritätszuschlag 15,825 Prozent beträgt.

Für Kapitalgesellschaften gibt es bei der Körperschaftsteuer keinen Freibetrag, sie werden entsprechend unabhängig von der Höhe des zu versteuernden Einkommens mit dem vollen Steuersatz belastet.

GEWERBESTEUER

Die Gewerbesteuer ist grundsätzlich von jedem zu entrichten, der ein Gewerbe betreibt. Hierzu zählen Einzelunternehmen, Personengesellschaften, die ein Handelsgewerbe betreiben, sowie Kapitalgesellschaften. Freiberufler und Land- und Forstwirte sind von der Gewerbesteuer befreit. Sie wird von der jeweiligen Gemeinde, in welcher der Gewerbetreibende ansässig ist, festgesetzt, weshalb es bezüglich der Steuerhöhe nicht unerhebliche Unterschiede gibt.

Die Gewerbesteuer wird, vereinfacht erklärt, auf den Gewinn eines Gewerbebetriebs erhoben. Davon wird bei Einzelunternehmen und Personengesellschaften (inkl. GmbH & Co. KG) noch ein Freibetrag abgezogen. Dieser Freibetrag liegt bei Einzelunternehmen und Personengesellschaften derzeit jeweils bei 24.500 Euro. Kapitalgesellschaften erhalten keinen Freibetrag.

Der Gewerbeertrag wird dann mit der Steuermesszahl multipliziert, diese beträgt 3,5 Prozent. Es ergibt sich der Steuermessbetrag, der zuletzt noch mit dem Hebesatz multipliziert werden muss, um den Betrag der Gewerbesteuer zu erhalten. Dieser Hebesatz ist ein Prozentsatz und der Grund, warum die Gewerbesteuer von Gemeinde zu Gemeinde unterschiedlich ausfällt, denn jede Gemeinde kann ihn nach eigenem Ermessen festlegen. Dabei sind die Steuermessbeträge in Großstädten meist höher als jene in kleinen Städten und Gemeinden.

Angefallene Gewerbesteuer kann bei Einzelunternehmern und bei Beteiligten von Personengesellschaften auf die Einkommensteuer angerechnet werden. Dadurch ergibt sich eine Ermäßigung, die im Rahmen der Einkommensteuerveranlagung angewandt wird. Die Ermäßigung wird seit dem Veranlagungszeitraum 2020 mit dem 4-fachen des Gewerbesteuermessbetrags veranschlagt (vorher mit dem 3,8-fachen), wobei sie nicht höher als der tatsächliche Gewerbesteuer-Betrag ausfallen kann. Ein Beispiel: Ergibt sich ein Steuermessbetrag von 5.000 Euro und liegt in Ihrer Gemeinde der Hebesatz bei 450 Prozent, beträgt die Gewerbesteuer 22.500 Euro. Nun wird der Steuermessbetrag von 5.000 Euro mit 4 multipliziert, woraus sich eine Ermäßigung von 20.000 Euro ergibt. In diesem Fall werden Sie effektiv mit Gewerbesteuer in Höhe von 2.500 Euro belastet. Sie sehen: Bei niedrigeren Hebesätzen kann es durchaus zu einer vollständigen Entlastung bei der Gewerbesteuer kommen.

Absicherung

Als hauptberuflicher Unternehmer unterliegen Sie nicht mehr der gesetzlichen Sozialversicherung und müssen sich insbesondere um die Vorsorge im Alter und im Krankheitsfall selbst kümmern. Zudem gibt es einige Versicherungen, die sich für Ihr Unternehmen als sinnvoll erweisen. Wie Sie Vorsorge betreiben können und welche Versicherungen Sie abschließen sollten, wissen Sie nach der Lektüre dieses Kapitels.

BETRIEBSHAFTPFLICHT

Für Sach- und Personenschäden, evtl. auch für Vermögensschäden, die durch Ihr Unternehmen verursacht werden, müssen Sie mit dem Unternehmensvermögen, je nach Rechtsform auch mit Ihrem Privatvermögen, haften. Deshalb sollten Sie, wenn bei Ihnen entsprechendes Schadensrisiko besteht, eine Betriebshaftpflichtversicherung und ggf. zusätzlich eine Vermögensschadenhaftpflichtversicherung abschließen.

Versichert sind dabei grundsätzlich alle Schäden, deren Verursacher das Unternehmen ist. Der Versicherungsschutz gilt also auch für Schäden, die beispielsweise durch Angestellte oder Produkte verursacht werden.

Die Deckungssumme sollte bei Betriebshaftpflichtversicherungen in der Regel mindestens 3.000.000 Euro betragen. Bei höheren Haftungsrisiken können entsprechend auch höhere Deckungssummen vereinbart werden.

INHALTSVERSICHERUNG

Die Inhaltsversicherung kann mit der gängigen Hausratversicherung verglichen werden, sie schützt das Inventar Ihres Unternehmens. Auch diese Versicherung eignet sich für alle Unternehmensformen. Zum Inventar zählen dabei Waren, Mobiliar sowie gegebenenfalls Maschinen und Geräte.

Die Inhaltsversicherung greift, wenn Ihr Inventar zum Beispiel Elementarschäden erleidet oder durch Rohrbrüche und Einbruchdiebstahl beschädigt wird bzw. abhandenkommt.

Im Schadensfall wird Ihnen der Wert erstattet, den der jeweils beschädigte Gegenstand im neuen Zustand aufweisen würde. Aus diesem Grund ist es wichtig, dass Sie eine Liste über Ihr Unternehmensinventar und die entsprechenden Neuwerte führen.

KRANKENVERSICHERUNG

Als Unternehmer haben Sie die Möglichkeit, sich über die gesetzliche Krankenkasse freiwillig zu versichern oder eine private Krankenversicherung abzuschließen.

Zu den wesentlichen Vorteilen einer freiwilligen gesetzlichen Krankenversicherung gehört zum einen, dass die Beiträge im Alter oftmals niedriger ausfallen als bei einer privaten Krankenversicherung. Allerdings sind die Beiträge für junge Menschen meist in der privaten Krankenversicherung günstiger. Sie haben, je nach gewähltem Tarif, bei einer privaten Krankenversicherung Zugang zu einem breiteren Leistungsspektrum. Zudem erhalten Sie schneller Termine bei Fachärzten und bekommen mehr medizinische Leistungen erstattet als von gesetzlichen Krankenkassen.

Der größte Nachteil einer privaten Krankenversicherung liegt darin, dass sämtliche Rechnungen, beispielsweise von Ärzten, zunächst von Ihnen selbst beglichen werden müssen. Dafür benötigen Sie entsprechend ein gewisses finanzielles Polster. Im Anschluss reichen Sie die jeweilige Rechnung bei der Krankenkasse ein und erhalten die Erstattung.

Bedenken Sie bei Ihrer Entscheidung, dass ein nachträglicher Wechsel von der privaten in die gesetzliche Krankenversicherung nur unter bestimmten Voraussetzungen möglich ist. Insbesondere ab einem Alter von 55 Jahren ist ein solcher Wechsel häufig nicht mehr möglich.

ALTERSVORSORGE

Auch bei der Altersvorsorge haben Sie die Möglichkeit, freiwillig Beiträge in die gesetzliche Rentenversicherung einzuzahlen oder privat vorzusorgen.

Sind Sie freiwilliges Mitglied der gesetzlichen Rentenversicherung, haben Sie neben der gesetzlichen Rente auch Anspruch auf die Erwerbsminderungs- und die Hinterbliebenenrente. Der Vorteil ist, dass Sie die Höhe Ihrer Beiträge unter Einhaltung einiger Kriterien nahezu selbst bestimmen können.

Eine Alternative – oder auch eine Ergänzung – zur gesetzlichen Rentenversicherung stellt die vielseits angebotene private Rentenversicherung dar. Auch hier können Sie die Beitragshöhe relativ flexibel gestalten, allerdings müssen Sie für weitere Leistungen zusätzliche Verträge abschließen. Am Ende der Laufzeit steht es Ihnen frei, ob Sie eine monatliche Rente oder den Gesamtbetrag ausbezahlt bekommen möchten. Besonders vielversprechend ist, dass Ihr Versicherer Ihnen bereits zu Vertragsbeginn eine gewisse Mindestrente garantiert, Sie sind allerdings auch an diesen gebunden: Wenn Sie die private Rentenversicherung kündigen, machen Sie dabei immer Verluste.

Marketing

Im Volksmund wird der Begriff Marketing häufig mit Werbung gleichgesetzt, im Grunde bilden Werbemaßnahmen jedoch nur einen Teil des Marketings. Grundsätzlich geht es im Marketing darum, durch verschiedene Maßnahmen den Vertrieb Ihrer Produkte oder Dienstleistungen zu fördern, wobei stets die Kundenorientierung im Vordergrund steht.

Das Marketing fußt dabei auf vier Säulen: der Produktpolitik, der Preispolitik, der Distributionspolitik und der Kommunikationspolitik. Aus betriebswirtschaftlicher Sicht stellen diese vier Bereiche den optimalen Marketingmix dar.

Im Rahmen der Produktpolitik geht es im Wesentlichen darum, wie Sie Ihr Produkt oder Ihre Dienstleistung gestalten können, um den größtmöglichen Nutzen für potenzielle Kunden zu bieten. Um Ihr Produkt oder Ihre Dienstleistung an den Kundenbedürfnissen auszurichten, gilt es, zunächst eine Zielgruppenanalyse durchzuführen. Weiterhin sollte Ihr Produkt oder Ihre Dienstleistung eine oder mehrere einzigartige Eigenschaften aufweisen, um sich vom Angebot der Konkurrenz abzuheben. Die Produktpolitik hat insgesamt zum Ziel, Ihre Kunden mit Ihrem Produkt oder Ihrer Dienstleistung langfristig zufriedenzustellen und kontinuierlich neue Kunden hinzuzugewinnen.

Die Preispolitik hat zum Ziel, unter Berücksichtigung einiger Faktoren den optimalen Preis für Ihr Produkt oder Ihre Dienstleistung festzulegen. Die Faktoren bestehen dabei im Wesentlichen aus der Rentabilität, dem Einbeziehen von Konkurrenzpreisen und der Unternehmensstrategie. Zum einen muss der Preis zumindest so hoch sein, dass die Kosten, die für die Erhaltung des Unternehmens anfallen, gedeckt sind. Bestenfalls soll dabei natürlich noch Gewinn eingefahren werden, nur so ist Ihr Unternehmen rentabel. Zudem sollten Sie die Preise der unmittelbaren Konkurrenz analysieren, denn wenn sich Ihre Preise von diesen zu stark unterscheiden, werden potenzielle Kunden, je nachdem, ob Ihre Preise niedriger oder höher sind, Qualitätseinbußen erwarten oder die Preise als überteuert einstufen. Dies hängt aber wiederum zu einem großen Teil von der Strategie ab, die Sie mit Ihrem Unternehmen verfolgen, ob Sie sich also eher an der Kostenführerschaft oder an der Qualitätsführerschaft orientieren. Beide Strategien haben Sie im Kapitel ››Businessplan‹‹ bereits kennengelernt.

Bei der Distributionspolitik gilt es, Maßnahmen zu entwickeln, mit denen Ihre Produkte oder Dienstleistungen am effektivsten an den Kunden gelangen. Dabei sollten die Vertriebskanäle so gewählt werden, dass sie am besten zu Ihrer Zielgruppe, aber auch zu Ihrem Angebot passen. Das kann je nach Produkt oder Dienstleistung beispielsweise der Direkt- oder Fremdvertrieb sein.

Möchten Sie Ihr Produkt direkt an den Endverbraucher verkaufen oder lieber mit Zwischenhändlern zusammenarbeiten, die Ihre Produkte in deren Markt anbieten? Auch, ob Ihr Produkt oder Ihre Dienstleistung im Internet, im lokalen Handel oder auf beiden Vertriebswegen angeboten werden soll, ist eine zentrale Frage der Distributionspolitik.

Sie sehen, die Maßnahmen der Produkt-, Preis- und Distributionspolitik haben Sie bereits im Wesentlichen im Rahmen Ihres Businessplans entwickelt. Diese sollten also bereits vor der Unternehmensgründung zumindest in ihren Grundzügen feststehen – was jedoch keinesfalls bedeutet, dass sie nicht veränderbar sind. Der Marketingmix sollte stets in Abhängigkeit der individuellen Bedürfnisse der Kunden und des sich kontinuierlich wandelnden Marktes modifiziert werden.

In der Säule der Kommunikationspolitik geht es im Wesentlichen um die Werbemaßnahmen, die vor allem nach der Gründung zwecks Kundengewinnung wichtig sind. Es geht also darum, durch gezielte Werbemaßnahmen die Aufmerksamkeit von potenziellen Kunden zu gewinnen und diesen zu vermitteln, dass sie mit dem Kauf Ihres Produktes oder Ihrer Dienstleistung einen Mehrwert bzw. Nutzen erhalten.

Die Art der Werbung sollte überwiegend von der jeweiligen Zielgruppe abhängig gemacht werden, aber auch vom Produkt bzw. von der Dienstleistung selbst. Grundsätzlich gibt es zwei Möglichkeiten: Offline- und Online-Werbung.

OFFLINE-WERBUNG

Offline-Werbung eignet sich generell für alle Zielgruppen, die keine Affinität zum Internet aufweisen. Auch für lokale Unternehmen, beispielsweise Gaststätten, und solche, die Produkte des täglichen Bedarfs anbieten, sind Offline-Werbemaßnahmen zum Teil sinnvoller, da diese Unternehmen überwiegend regional agieren.

Die klassische Form der Offline-Werbung ist eine **Printanzeige** in Zeitungen oder Zeitschriften. Möchten Sie vor allem Kunden aus Ihrer Region ansprechen, können Sie beispielsweise einen Werbeplatz in der entsprechenden Tages- oder Wochenzeitung buchen. Für welchen Zeitraum die Anzeige geschaltet werden soll, können Sie dabei selbst bestimmen. Möchten Sie mit Ihrer Anzeige mehr potenzielle Kunden erreichen, bieten sich analog dazu auch überregionale Zeitungen an, wobei die Kosten für den Werbeplatz entsprechend höher ausfallen. Wenn Sie sich mit Ihrem Angebot in einer Nische bewegen, können Sie auch Werbeanzeigen in entsprechenden Fachzeitschriften schalten lassen. Auf diese Weise sprechen Sie Ihre Zielgruppe direkt an, allerdings können Sie Kunden, die sich für Ihre Produkte interessieren, aber keine Leser der entsprechenden Zeitschrift sind, auf diese Weise nicht erreichen.

Weitere Werbemaßnahmen abseits des Internets stellen Flyer, Plakate, Prospekte u. Ä. dar – man spricht hier von der **Außenwerbung**. Während Flyer und Prospekte relativ kostengünstig herzustellen sind, können die

Mietpreise für Plakatwerbeflächen je nach Standort teurer sein. Zwar erzeugen Sie mit Werbeplakaten große Aufmerksamkeit, ob allerdings auch Personen, die Ihrer Zielgruppe entsprechen, den Plakaten begegnen, kann Ihnen niemand garantieren. Gleiches gilt für Flyer und Prospekte, wenn sie, wie es häufig der Fall ist, ziellos in Briefkästen geworfen oder in Fußgängerzonen verteilt werden. Hier sollten Sie sich eine Strategie überlegen, in welchen lokalen Räumlichkeiten Sie Ihre Flyer und Prospekte beispielsweise auslegen können. Im Prinzip lohnt sich diese Außenwerbung ausschließlich für Unternehmen, die Produkte und Dienstleistungen des täglichen Bedarfs vertreiben, beispielsweise Lebensmittelläden, Friseure, Baumärkte oder auch Kfz-Werkstätten.

Auch mit Werbespots im **Radio** oder **Fernsehen** können Sie viele Menschen erreichen, jedoch nicht unbedingt im Rahmen der ersten Ausstrahlung, da Werbung in diesen Medien oft nicht bewusst wahrgenommen wird. Für die Gestaltung der Spots sollten Sie also besonders kreativ sein, um die Aufmerksamkeit der Hörer bzw. Zuschauer zu erreichen. Insbesondere TV-Spots sind sehr kostenintensiv und stellen für Gründer häufig keine Option dar.

Einige Produkte oder Dienstleistungen lassen sich am besten im direkten Kundenkontakt vertreiben. Möglichkeiten stellen hier vor allem **Messen** und sonstige **Veranstaltungen** dar, die im Zusammenhang mit Ihrem Angebot stehen. Sie können hier einen Stand anmieten und einer Vielzahl von Kunden Ihr Angebot vorstellen.

Bei physischen Produkten ist dies besonders effektiv, da die Kunden das, was Sie erwerben können, unmittelbar vor Augen haben. Wenn Sie Kugelschreiber oder sonstige Utensilien, auf denen Ihr Logo oder Ihr Unternehmensname abgebildet ist, verschenken, können Sie dafür sorgen, dass Ihr Unternehmen in den Köpfen potenzieller Kunden in Erinnerung bleibt.

ONLINE-WERBUNG

Die größte Reichweite generieren heutzutage in den meisten Fällen Werbemaßnahmen im Internet. Es gibt unzählige Möglichkeiten, Online-Werbung zu betreiben, um exakt die Zielgruppe Ihres Produktes oder Ihrer Dienstleistung zu erreichen.

Früher oder später sollten Sie für Ihr Unternehmen eine eigene **Webseite** erstellen. Mithilfe dieser können sich potenzielle Kunden ein Bild von Ihrem Unternehmen und Ihrem Angebot machen. Insbesondere, wenn Sie digitale Produkte oder Dienstleistungen anbieten, ist eine Webseite unverzichtbar.

Damit potenzielle Kunden Ihre Webseite in den Weiten des Internets überhaupt finden, sollten Sie sich auch mit dem **Suchmaschinen-Marketing** (SEM) beschäftigen. Ein populäres Beispiel bieten dabei Google Ads. Sie können Ihren potenziellen Kunden damit, bei Eingabe bestimmter Begriffe in der Suchmaske, ganz oben in den Suchergebnissen angezeigt werden. Der zentrale Begriff lautet hier Suchmaschinenoptimierung (SEO). Im Rahmen Ihrer Google Ads-Kampagne legen Sie dabei sogenannte Keywords fest, die den Gegenstand Ihres Unternehmens beschreiben. Dabei sollten Sie berücksichtigen, was potenzielle Kunden voraussichtlich in die Suchmaske eingeben werden, wenn Sie genau nach den Produkten oder Dienstleistungen suchen, die Ihr Unternehmen anbietet. Durch die Wahl der optimalen Keywords können Sie so exakt Ihre Zielgruppe erreichen. Dabei zahlen Sie einen bestimmten Betrag an Google, sobald ein Nutzer auf die entsprechende Anzeige klickt. Neben Google bieten auch andere Suchmaschinenanbieter ähnliche Werbeprogramme an.

Eine immer beliebter werdende Form ist die **Werbung über Social Media**. Die gängigen Plattformen sind dabei Facebook, Instagram und YouTube. Ähnlich wie bei Google oder sonstigen Suchmaschinen können Sie auf Facebook kostenpflichtige Werbeanzeigen schalten. Die Basis bildet dabei jedoch nicht nur die Festlegung von Keywords. Zusätzlich wird das Suchverhalten der Nutzer analysiert, wodurch die Anzeigen relativ passgenau den Nutzern präsentiert wird, die zu Ihrer Zielgruppe gehören. Daneben gibt es jedoch auch eine kostenfreie Form der Facebook-Werbung: Sie können für Ihr Unternehmen eine eigene Facebook-Seite erstellen. Auf dieser Seite können Sie Ihr Unternehmen sowie Ihr Angebot präsentieren, daneben aber auch einen gewissen Kundenstamm aufbauen. Sie haben die Möglichkeit, Beiträge zu posten, beispielsweise über neue Produkte in Ihrem Sortiment. Nutzer, die Ihre Seite *abonniert* haben, sehen diese auf Ihrer *Neuigkeiten*-Seite. Solche Beiträge sollten Sie regelmäßig tätigen, damit Ihre bestehenden Kunden mit Ihnen vernetzt bleiben und immer auf dem Laufenden gehalten werden. Neben der Kundenbindung können Sie dabei auch einen weiteren Aspekt fördern: Die Gewinnung von Neukunden. Je mehr Abonnenten Ihre Seite hat, desto höher ist die Chance, dass auch andere Kunden auf Ihre Seite und somit auf Ihr Produktportfolio aufmerksam werden, beispielsweise durch *Gefällt mir*-Angaben oder Empfehlungen anderer Nutzer.

Die Werbung über Instagram und YouTube fällt unter den Begriff des **Influencer-Marketings**. Hierbei machen Sie in der Regel nicht selbst Werbung, sondern arbeiten mit einem Influencer zusammen. Ein Influencer ist eine Person, die auf der entsprechenden Social Media-Plattform einen gewissen Bekanntheitsgrad aufweist und sich dort eine Community aufgebaut hat. Die Hauptaufgabe eines Influencers besteht darin, über Beiträge, Bilder oder Videos Werbung für bestimmte Produkte oder Dienstleistungen zu machen, wodurch er durch seine Bekanntheit viele potenzielle Käufer erreicht. Im Gegenzug erhält der Influencer eine Vergütung vom Unternehmen, dessen Produkte er bewirbt. Wenn Sie sich für eine Zusammenarbeit mit einem Influencer entscheiden, sollten Sie einen wählen, der bereits in einem Bereich tätig ist, der Ihrer Zielgruppe entspricht. Bieten Sie beispielsweise Kosmetikartikel an, sollten Ihrem ausgewählten Influencer möglichst viele Menschen folgen, die sich für diese Art von Produkten interessieren.

Schlusswort

Sie sind am Ende dieses Ratgebers angelangt und konnten während der Lektüre hoffentlich viele wichtige Informationen verinnerlichen. Sie wissen nun, mit welcher Denkweise Sie an Ihr Projekt Unternehmensgründung herangehen sollten, wie Sie die für Sie richtige Geschäftsidee finden und diese in einem Businessplan konkretisieren. Daneben haben Sie einen Überblick über die gängigen Finanzierungsmöglichkeiten sowie über die verschiedenen Rechtsformen erhalten. Welche formellen Schritte Sie für Ihre Gründung durchlaufen müssen, sollte Ihnen nun ebenfalls bekannt sein. Auch im Bereich des Rechnungswesens und der für Unternehmen relevanten Steuern konnten Sie sich grundlegende Kenntnisse aneignen. Schließlich haben Sie einen Eindruck von den Möglichkeiten der finanziellen und gesundheitlichen Absicherungen erhalten und Marketing ist Ihnen nun ebenfalls ein Begriff.

Machen Sie sich nun auf den Weg zu Ihrem erfolgreichen Unternehmen. Bleiben Sie Ihrem neu erlernten Mindset treu, üben Sie sich vor allem in Geduld und geben Sie nicht auf – es ist noch kein Meister vom Himmel gefallen, oder, wie es schon der Pionier Henry Ford formulierte:

Es gibt mehr Leute, die kapitulieren, als solche, die scheitern.

Printed in Poland
by Amazon Fulfillment
Poland Sp. z o.o., Wrocław

94090843R00067